利国利民　造福子孙

功在当代　利在千秋

水中机器人(机器鱼)教育全局视觉系列教材

仿生机器鱼

编著 谢广明 何宸光

HEUP 哈爾濱工程大學出版社

内容简介

仿生机器鱼是中国素质体育机器人运动会水中专项全局视觉组竞赛项目所指定的标准竞赛机器人。本书全面系统地介绍了仿生机器鱼的仿生学原理、机械结构、硬件系统、运动控制与优化等内容。本书适用于参加中国素质体育机器人运动会水中专项运动全局视觉组竞赛项目的所有教练员、裁判员和运动员，也适用于机器人爱好者。

图书在版编目（CIP）数据

水中机器人（机器鱼）教育全局视觉系列教材. 仿生机器鱼/谢广明，何宸光编著. —哈尔滨：哈尔滨工程大学出版社，2013.7

ISBN 978-7-5661-0617-9

Ⅰ. ①水… Ⅱ. ①谢… ②何… Ⅲ. ①海洋机器人-竞赛-教材 Ⅳ. ①TP242

中国版本图书馆 CIP 数据核字（2013）第 148161 号

出版发行 哈尔滨工程大学出版社
社　　址 哈尔滨市南岗区东大直街 124 号
邮政编码 150001
发行电话 0451-82519328
传　　真 0451-82519699
经　　销 新华书店
印　　刷 哈尔滨市石桥印务有限公司
开　　本 787 mm×960 mm　1/16
印　　张 10
字　　数 162 千字
版　　次 2013 年 7 月第 1 版
印　　次 2013 年 7 月第 1 次印刷
定　　价 27.50 元
http：//www.hrbeupress.com
E-mail：heupress@hrbeu.edu.cn

水中机器人（机器鱼）教育全局视觉系列教材

编审委员会

前言

江泽民同志指出：科学技术是第一生产力。振兴经济首先要振兴科技。只有坚定地推进科技进步，才能在激烈的竞争中取得主动。当前，我国经济正面临着加速发展、调整结构、提高效益的重大任务，尤其需要全社会提高科技意识，多方面增加科技投入，真正依靠科技进步。科技工作要面向经济建设主战场，在开发研究、高新技术及其产业、基础性研究这三个方面合理配置力量，确定各自攀登高峰的目标。在世界高科技领域中，中华民族要占有应有的位置。通过深化改革，建立和完善科技与经济有效结合的机制，加速科技成果的商品化和向现实生产力转化。不断完善保护知识产权的制度。认真抓好引进先进技术的消化、吸收和创新。努力提高科技进步在经济增长中所占的比重，促进整个经济由粗放经营向集约经营转变。

众所周知，文化是一个民族的实力，教育是一个民族的生机，体育是一个民族的国力。社会变革是极其巨大的，正是这极其巨大的变革迫使人们去认识新事物，迎接新挑战，迫使人们去思考许许多多前所未有的东西。服务机器人作为新生事物，已经走进人类社会，人类已经走进机器人时代。机器人技术涵盖了人类所有的学科知识和自然科学知识，特别是智能机器人和服务机器人与人们的生产生活密不可分。2012 年国家科技部组织编制了《服务机器人科技发展“十二五”专项规划》，《规划》中明确了服务机器人技术是集机械、信息、材料、生物医学等多学科交叉的战略性高技术，对于相关技术与产业的发展起着重要的支撑和引领作用。在全国范围内实施《服务机器人科技发展“十二五”专项规划》，实现机器人技术作为战略高技术，推动国防军事、智能制造装备、资源开发，发展未来服务机器人产业，有望培育新的战略性新兴产业，而且具有很强的技术辐射性与带动性，对促进智能制造装备发展、提高应急处理突发事件能力、发展医疗康复设备、增强军事国防实力等都具有十分重要的现实意义。

2011 年，国家体育总局与神州通信集团战略合作，共同调研机器人运动的国际和国内现状，在美国、日本、欧洲国家等发达国家，机器人教育教学已被纳入中小学的必修课，有些大学还专门设立了机器人学科或机器人学院；机器人体育赛事方面，国际上著名赛事均由本国军事或太空部门主办，如 AUVic 赛事由国际无人系统联合会（AUVSI）和美国海军装备研究中心联合主办，水下 SAUC－U 赛事由全球海军技术研究局主办。机器人运动在我国必须规范开展，而规范的前提是规则。国家体育总局借鉴国际机器人教育教学和机器人体育赛事的先进经验，结合国内机器人赛事的现状，根据《中华人民共和国体育法》的有关规定，将机器人运动纳入国家社会体育运动项目，定义为中国素质体育机器人运动，以彰显这项运动的本质是素质教育。

中国素质体育机器人运动受到了社会各界的广泛关注，全国政协十一届五次会议上以关于“高度重视，深入做好素质体育机器人赛事”提出提案（3427 号），国家体育总局对提案作出答复（体群字【2012】96 号）。《答复》中明确做好六项工作：一、项目的基础建设；二、组织建设；三、竞赛系统建设；四、加强对外交流；五、把握文化大发展大繁荣对素质体育机器人运动带来的新机遇、新要求；六、加强与其他部门的合作，并于 2012 年颁布施行《中国素质体育机器人运动通用竞赛规则》，为这项利国利民伟大工程的规范开展、健康开展、广泛开展打下了坚实的基础。

此次出版的机器人专项教育系列教材在我国机器人教育领域尚属首次，此系列教材的出版使我国机器人基础教育、专项教育、学历教育的全面普及有了良好的开端，为我国机器人体育事业的健康发展、积极发展起到了巨大的推动作用。

何宸光

2013 年 3 月于北京

目　　录

第1章　绪　　论

1.1　机　器　人

1.1.1　机器人定义

20世纪人类最伟大的发明之一就是机器人技术，经过50余年的发展它已经取得了长足的进步。在科技界，科学家会给每一个科技术语一个明确的定义，但机器人问世已有几十年，机器人的定义仍然仁者见仁，智者见智，没有一个统一的意见。原因之一就是，机器人技术还在发展，新的机型、新的功能不断涌现。其根本原因是，机器人涉及了人的概念，成为一个难以回答的哲学问题。就像机器人一词最早诞生于科幻小说中一样，人们对机器人充满了幻想。也许正是由于机器人定义的模糊，才给了人们充分的想象和创造空间。

“机器人”一词诞生于1920年捷克作家卡雷尔·卡佩克发表的科幻剧本《罗萨姆的万能机器人》。剧中，罗萨姆公司推出了一种能够代替人类进行劳动的机器人产品，将人们从繁重的、重复的劳动中解放出来。后来，罗萨姆公司对机器人进行了改进，使其有了情感。有了情感的机器人对自己的地位心生不满，终于有一天，起义爆发了，人类被屠戮殆尽。统治了世界的机器人痛苦地发现，由于技术资料被人类焚毁，它们无法繁殖后代，所以它们开始寻找人类的幸存者，但没有结果。最后，一对感知能力优于其他机器人的男女机器人相爱了，这时机器人进化为人类，世界又起死回生了。卡佩克在剧本中把捷克语“奴隶——Robota”写成了“Robot”，这就是机器人一词的起源。

1950年，美国作家埃萨克·阿西莫夫在他的科幻小说 *I，Robot* 中首次使用了“Robotics”，即“机器人学”。阿西莫夫提出了“机器人三原则”：

（1）机器人必须不能伤害人类，且在人类受到伤害时不可袖手旁观；

（2）机器人必须服从人类的命令，除非这条命令与第一条相矛盾；

（3）机器人必须保护自己不受伤害，除非这种保护与以上两条相矛盾。

机器人学术界一直将这三原则作为机器人开发的准则，这是给机器人赋予的伦理性纲领，也是对机器人的定义。机器人三原则理论被提出的半个世纪以来，不断地被科幻作家和导演使用。阿西莫夫因此被称为“机器人学之父”。

其实并不是人们不想给机器人一个完整的定义，自机器人诞生之日起人们就不断地尝试着说明到底什么是机器人。但随着机器人技术的飞速发展和信息时代的到来，机器人所涵盖的内容越来越丰富，机器人的定义也不断充实和创新。在《机器人技术手册》中美国机器人工业协会给出的定义：机器人是一种用于移动各种材料、零件、工具或专用装置，通过可编程序动作来执行各种任务并具有编程能力的多功能机械手。日本工业机器人协会给出的定义：一种带有存储器件和末端操作器的通用机械，它能够通过自动化的动作替代人类劳动。我国科学家对机器人的定义：机器人是一种自动化的机器，所不同的是这种机器具备一些与人或生物相似的智能能力，如感知能力、规划能力、动作能力和协同能力，是一种具有高度灵活性的自动化机器。

在研究和开发未知及不确定环境下作业的机器人的过程中，人们逐步认识到机器人技术的本质是感知、决策、行动和交互技术的结合。随着人们对机器人技术智能化本质认识的加深，机器人技术开始源源不断地向人类活动的各个领域渗透。结合这些领域的应用特点，人们研制了各式各样的具有感知、决策、行动和交互能力的特种机器人和各种智能机器人，如移动机器人、微机器人、水下机器人、医疗机器人、军用机器人、空中空间机器人、娱乐机器人等。对不同任务和特殊环境的适应性，也是机器人与一般自动化装备的重要区别。这些机器人从外观上已远远脱离了最初仿人型机器人和工业机器人所具有的形状，更加符合各种不同应用领域的特殊要求，其功能和智能程度也大大增强，从而为机器人技术开辟出更加广阔的发展空间。

中国工程院院长宋健指出：“机器人学的进步和应用是20世纪自动控制最有说服力的成就，是当代最高意义上的自动化。”机器人技术综合了多学科的发展成果，代表了高技术的发展前沿，它在人类生活应用领域的应用在不断扩大，引起国际上对机器人技术的重新认识。

1.1.2 机器人历史

机器人这一术语产生于20世纪，真正意义上实现机器人制造的历史就只有短短的50年，然而要制造一个具有人的功能的自动机器却是人类有史以来的一个梦想。这要追溯到遥远的古代，正是有了这些具有想象力和创新精神的前人，人类的机器人梦想才得以不断地实现，机器人技术才得以不断的进步与发展。

1. 古代的机械

最早的机械自动装置产生于中国，这个要追溯到公元前400多年的春秋战国时期，被后人称为土木工匠祖师的鲁国人鲁班用竹木削成飞鹞，借助风力飞翔于空中。《墨子》一书中有这样的记载：“公输子削竹木以为鹊，成而飞之，三日不下。”就是说鲁班制作的木鸟，能飞上高空，三天不降落。这是有记载的最早的机械装置，如图1.1所示。鲁班的发明故事反映了古代人对机械的想象与创造，是古代劳动人民智慧的象征。

东汉时期（公元25—220年），张衡发明了测量路程用的“记里鼓车”，车上装有木人、鼓和钟，每走1里，击鼓1次，每走10里击钟一次，奇妙无比，如图1.2所示。三国时期蜀汉（公元221—263年），丞相诸葛亮既是一位军事家，又是一位发明家，他成功地创造出了“木牛流马”，可以运送军用物资，可以说是最早的陆地军用机器人。

图1.1　鲁班的木鸟图

图1.2　记里鼓车

希罗是亚历山大时代的一位古希腊数学家，居住于托勒密埃及时期的罗马省。他也是一名活跃于其家乡亚历山大里亚的工程师，他被认为是古代最伟大的实验家。希罗发明的汽转球，是有文献记载以来的第一部蒸汽机。世界上第一部自动售卖机也是出于希罗之手，当在机器顶上的槽接受了投币者的硬币时，机器就会分配一定分量的圣水给投币者。这个发明被收纳在希罗的书——《机械学与光学》的列表里。

14 世纪前期机械时钟的出现到 16 世纪自动玩偶的兴起与普及象征着欧洲机械工艺的飞速蓬勃发展。机械时钟最早出现在意大利，后来普及到欧洲各国。14 世纪中期，欧洲的英国、法国等国家的大型建筑物上面出现了报时钟，利用重力作用产生动力。15 世纪末、16 世纪初出现了铁制发条，这成为了新的动力源，极大程度地推动了机械钟表和自动玩偶的发展，为其小型化创造了条件。1665 年，荷兰的科学家惠更斯应用伽利略的理论设计了钟摆，并指导制造成功了第一台摆钟。1675 年，他又用游丝取代了原始的钟摆，这样就形成了以发条为动力、以游丝为调速机构的小型钟，同时也为制造便于携带的袋表提供了条件。1738 年，法国天才技师杰克 · 戴 · 瓦克逊发明了一只机器鸭，它会嘎嘎叫，会游泳和喝水，还会进食和排泄。瓦克逊的本意是想把生物的功能加以机械化而进行医学上的分析。1773 年，瑞士的 Jaquet Droz 和他的儿子及徒弟共同创作了历史上最著名的写字、绘画、风琴演奏三个机械人偶，并于 1774 年在拉夏德封首度向世人展示。这三个机械人偶极尽精巧，表演逼真，宛如真人一般，能向听众行礼，改变视线及鼓动胸部等。

2. 现代的机器人

随着社会的发展，社会分工越来越细，尤其在现代化的大生产中。分工的细化导致个人工作的不断重复性，久而久之，让人感到单调枯燥。于是人们强烈希望用某种机器代替完成那些枯燥、单调、危险的工作，因而机器人问世了。先进的机器设备能够提高劳动生产率和产品质量，创造出更多的社会财富，提供更多的就业机会。各国也争相投入到机器人的研究与生产中。

1946 年，世界上第一台计算机研制成功，标志着人类跨入了数据时代。计算机技术取得的惊人成就，推动了工业自动化技术的发展。1947 年，美国原子能委员会的阿尔贡研究所研发了遥控机器手，可以代替人来处理实验过程中的放射性物质。并且 1948 年开发了机械式的主从机器手。1952 年，第一台数控机床诞生，大大提高了劳动生产效率和工艺精度。与数控机床相关的控制、机器零件的研究奠定了机器人发展的基础。

1954 年美国人乔治 · 德沃尔最早提出了工业机器人的思想，设计出了一台可编程的工业机器人，并为该机器人申请了专利。该专利的要点是借助伺服技术控制机器人的关节，机器人通过实现动作的记录和再现来重复人手的动作，这就是早期的示教再现机器人。1962 年，美国万能自动化公司生产了第一台机器人 UNIMATE，并在通用汽车公司投入使用，这标志着第一代机器人的诞生。从此机器人开始进入人类历史舞台，人类以机器人为载体，以自己的智慧和劳动，揭开了历史的新篇章。

1962 年美国 AMF 公司生产出“VERSTRAN”（意思是“万能搬运”），是一种真正商业化的工业机器人，并出口到世界各国，掀起了全世界对机器人和机器人研究的热潮。这种机器人的控制方式类似于数控机床，但是外形上有很大的区别，主要是由类似人的手和手臂组成的。

1962—1963 年，传感器的应用提高了机器人的可操作性。人们试着在机器人上安装各种各样的传感器，以提高机器人的感知能力，从而增强机器人自身的判断能力。例如，1961 年恩斯特采用的触觉传感器；托莫维奇和博尼 1962 年在世界上最早的“灵巧手”上用到了压力传感器；而麦卡锡 1963 年则开始在机器人中加入视觉传感系统，并在 1965 年，帮助 MIT 推出了世界上第一个带有视觉的传感器，能识别并定位积木的机器人系统。

1965 年，约翰·霍普金斯大学应用物理实验室研制出 Beast 机器人。Beast 已经能通过声呐系统、光电管等装置，根据环境校正自己的位置。20 世纪 60 年代中期开始，美国麻省理工学院、斯坦福大学、英国爱丁堡大学等陆续成立了机器人实验室，美国兴起研究第二代带传感器、“有感觉”的机器人，并向人工智能进发。

1968 年，美国斯坦福研究所公布了他们研发成功的机器人 Shakey。该机器人带有视觉传感器，能根据人的指令发现并抓取积木，不过控制它的计算机有一个房间那么大。Shakey 可以算是世界第一台智能机器人，拉开了第三代机器人研发的序幕。

1969 年日本早稻田大学加藤一郎实验室研发出第一台双脚走路的机器人。加藤一郎长期致力于研究仿人机器人，被誉为“仿人机器人之父”。日本专家一向以研发仿人机器人和娱乐机器人的技术见长，后来更进一步，催生出本田公司的 ASIMO 和索尼公司的 QRIO。从 20 世纪 60 年代后期起，喷漆、弧焊机器人相继在工业生产中得到应用，由加工中心和工业机器人组成的柔性加工单元标志着单件小批生产方式的一个新的高度。几个工业化国家竞相开展了具有视觉、触觉、多手、多足，能超越障碍、钻洞、爬墙、水下移动的各种智能机器人的研究工作，并开始在海洋开发、空间探索和核工业中试用。整个 20 世纪60年代，机器人技术虽然取得了许多进展，建立了产业并生产了多种机器人商品，但是在这一阶段多数工业部门对应用机器人还持观望态度，机器人在工业应用方面的进展并不快。

在20世纪70年代，大量的研究工作把重点放在使用外部传感器来改善机械手的操作。1973年世界上第一次机器人和小型计算机的携手合作，就诞生了美国Cincinnati Milacron公司的机器人T3。博尔斯和保罗在斯坦福使用视觉和力反馈，表演了与PDP-10计算机相连由计算机控制的“斯坦福”机械手，用于装配自动水泵。几乎同时，IBM公司的威尔和格罗斯曼在1975年研制出了一个带有触觉和力觉传感器的计算机控制的机械手，用于完成具有20个零件的打字机机械装配工作。

1978年，美国Unimation公司推出通用工业机器人PUMA，这标志着工业机器人技术已经完全成熟。PUMA至今仍然工作在工厂第一线。它是一个电动机驱动，关节式结构，多CPU二级微机控制，采用VAL专用语言，可配置视觉、触觉的力觉感受器，是技术较为先进的机器人。同年，日本山梨大学的牧野洋研制出具有平面关节的SCARA型机器人。整个20世纪70年代，出现了更多的机器人商品，并在工业生产中逐步推广应用。随着计算机科学技术、控制技术和人工智能的发展，机器人的研究开发，无论是水平还是规模都得到了迅速发展。据国外统计，到1980年全世界约有2万余台机器人在工业中应用。

1984年，恩格尔·伯格又推出了机器人Helpmate，这种机器人能在医院里为病人送饭、送药、送邮件。同年，他还预言“我要让机器人擦地板，做饭，出去帮我洗车，检查安全”。

进入20世纪80年代后，机器人生产继续保持了20世纪70年代后期的发展势头。到20世纪80年代中期机器人制造业成为发展最快和最好的经济部门之一。机器人在工业中开始普及应用，工业化国家的机器人产值近几年以年均20%~40%的增长率上升。1984年全世界机器人使用总台数是1980年的四倍，到1985年底，使用总台数已达到14万台，1990年达到30万台左右，其中高性能的机器人所占比例不断增加，特别是各种装配机器人的产量增长较快，和机器人配套使用的机器视觉技术和装置正在迅速发展。

1998年丹麦乐高公司推出机器人套件（Mind Storms），让机器人制造变得跟搭积木一样，相对简单又能任意拼装，使机器人开始走入个人世界。

1999年日本索尼公司推出犬型机器人爱宝（AIBO），当即销售一空，从此娱乐机器人成为目前机器人迈进普通家庭的途径之一，如图 1.3（a）所示。

2002 年美国 iRobot 公司推出了吸尘器机器人 Roomba，它能避开障碍，自动设计行进路线，还能在电量不足时，自动驶向充电座。Roomba 是目前世界上销量最大、最商业化的家用机器人，如图 1.3（b）所示。

(a)　　(b)

图 1.3　AIBO 和 Roomba

（a）机器人爱宝（AIBO）；（b）吸尘器机器人 Roomba

2006 年 6 月，微软公司推出 Microsoft Robotics Studio，机器人模块化、平台统一化的趋势越来越明显，比尔·盖茨预言，家用机器人很快将席卷全球。

2008 年中国研制的福娃机器人能够感应到 1 m 范围内的游客，可以与人对话、摄影留念、歌唱舞蹈等，还能回答与奥运会有关的问题。

到了 21 世纪，随着微电子、MEMS 技术和人工智能的发展，机器人技术进入了一个飞速发展的阶段。随着智能技术的应用，机器人智能化程度不断增强。例如，临场感技术、虚拟现实技术、多真体技术、人工神经网络技术、遗传算法和遗传编程、放声技术、多传感器集成和融合技术以及纳米技术等。各国争相投入大量资金进行研究，相继取得了重大的突破。可以说，智能机器人将是未来机器人技术发展的方向。

1.1.3　机器人的分类

机器人分类方法有很多，不同的分类方式可以将机器人划分为不同的类别。本书主要介绍以下几种方法。

1. 按照机器人用途划分

（1）工业机器人

工业机器人是指面向工业领域的多关节机器手或者多自由度机器人。工业机器人是自动执行工作的机器装置，主要用于生产制造业，靠自身动力和控制能力来实现例如焊接、搬运、装配、检验等作业。

（2）军用机器人

军用机器人是指一种用于军事领域的具有某种功能的军事装置，其主要用于侦察勘探、布雷排爆、运输、武器打击、防御等方面。

（3）水下机器人

水下机器人是一种作业于水下的机器人，能代替人潜入水中完成某些极限作业。水下环境恶劣危险，所以水下机器人将代替人类成为开发海洋的重要工具。

（4）服务机器人

服务机器人主要是指一类能协助人类处理日常生活事务，完成有益于人类健康的服务工作，但是不包括从事生产的设备。例如，从事维护保养、修理、运输、清洁、保安、监护等一些贴近人们生活工作的机器人。

（5）娱乐机器人

娱乐机器人是以供人观赏、娱乐为目的的机器人。它们具有生物的一些外部特征，可以像人、动物等，同时具有机器人的功能，可以行走或完成动作，可以有语言能力，会唱歌，有一定的感知能力。如机器人歌手、足球机器人、玩具机器人、舞蹈机器人等。

（6）医用机器人

医用机器人是指有广泛的感觉系统、智能装置、模拟装置，从事医疗或辅助医疗工作的机器人。一般有运送物品机器人、移动病人机器人、临床医疗用机器人、为残疾人服务机器人、护理机器人、医用教学机器人、手术机器人等。

2. 按驱动方式划分

（1）液压驱动

液压驱动是利用液体的抗挤压力来实现力的传递，推动装置运动。

（2）气压驱动

气压驱动类似液压驱动，效率没有液压驱动高，但是缓冲性好，不会对器件造成损伤，精密仪器中使用较多。

（3）电气驱动

主要是指通过电气的转动来提供动力，是最常见的驱动方式，大多机器人都采用这种驱动方式。

3. 按控制方式划分

（1）操作型机器人

操作型机器人是指通过编程，能实现自动控制的机器人，一般拥有几个自由度，可固定或运动。

（2）示教再现型机器人

示教再现型机器人是指通过引导的方式，对机器人进行示教，来教会机器人动作，然后机器人通过学习到的信息再现出引导的动作。

（3）感觉控制型机器人

感觉控制型机器人是指一类通过传感器来获取信息，通过反馈来进行控制的机器人。

（4）适应控制型机器人

适应控制型机器人是指能自主适应环境变化，来控制自身行动的机器人。

（5）智能机器人

智能机器人是以人工智能来决定其行动的机器人。

4. 按照机器人从低级到高级的发展程度划分

（1）第一代机器人

第一代机器人主要指只能以“示教－再现”方式工作的机器人。示教内容为机器人操作机构的空间轨迹、作业条件、作业顺序等。

（2）第二代机器人

第二代机器人具有一定的感觉装置，能获取作业环境、操作对象的简单信息，通过计算机处理、分析，机器人作出一定的推理，对动作进行反馈控制，表现出低级的智能。

（3）第三代机器人

第三代机器人是指具有高度适应性的自治机器人。

当然，关于机器人的分类还有很多其他的方式，也繁衍出很多新的类型的机器人，例如，飞行机器人、仿生机器人等。随着技术的发展，机器人智能程度越来越高，功能更加全面，新形式的机器人将层出不穷。

1.1.4 国外机器人的研究现状

从机器人诞生到20世纪80年代初，机器人技术经历了一个长期缓慢的发展过程。到了20世纪90年代，随着计算机技术、微电子技术、网络技术等的快速发展，机器人技术也得到了飞速发展。除了工业机器人水平不断提高之外，各种用于非制造业的先进机器人系统也有了长足的进展。

1. 机器人操作机

通过有限元分析、模态分析及仿真设计等现代设计方法的运用，机器人操作机已实现了优化设计。以德国KUKA公司为代表的机器人公司，已将机器人并联平行四边形结构改为开链结构，拓展了机器人的工作范围，加之轻质铝合金材料的应用，大大提高了机器人的性能。此外采用先进的RV减速器及交流伺服电动机，使机器人操作机几乎成为免维护系统。

2. 并联机器人

并联机器人可以定义为动平台和定平台通过至少两个独立的运动链相连接，机构具有两个或两个以上自由度，且以并联方式驱动的一种闭环机构。从运动形式来看，并联机构可分为平面机构和空间机构；细分可分为平面移动机构、平面移动转动机构、空间纯移动机构、空间纯转动机构和空间混合运动机构。采用并联机构，无累计误差，加工精度高，这是机器人技术向数控技术的拓展，为将来实现机器人和数控技术一体化奠定了基础。

3. 模块化机器人

Sambot（Self-assembly modular swarm robot）是一种新的自组装模块化机器人平台。每个Sambot机器人具有自主移动、自主对接功能，由多个Sambot机器人组成的机器人结构具有类似自重构模块化机器人的整体运动和自重构等功能，实现了群体机器人与自重构机器人的结合。其具有以下特点：

①功能多样性，用户可以搭建出具有不同功能、适合不同应用场合的机器人；

②实用性强，用户可根据自身实际应用选购合适的功能模块，有针对性地搭建所需的机器人系统；

③扩展性强，用户可通过新增模块来扩展原有系统，既避免了初期投入的盲目性，又保证了机器人系统功能的可扩展性。

4. 控制系统

控制系统的性能进一步提高，已由过去控制标准的6轴机器人发展到现在能够控制21轴甚至27轴的机器人，并且实现了软件伺服和全数字控制。人机界面更加友好，基于图形操作的界面也已问世。编程方式由传统的示教编程向人工智能发展，机器人的自主性越来越高。

5. 传感系统

激光传感器、视觉传感器、力传感器、超声波传感器、触觉传感器及惯性导航系统等在机器人系统中已得到成功应用，大大提高了机器人的感知能力和对环境的适应性，为机器人智能化控制的发展提供了硬件支持。

6. 网络通信功能

无线网络通信技术的发展以及在机器人上的应用，使得机器人信息的传递交互更加方便，解决了机器人独立应用的尴尬局面。近年来，蓝牙、红外、Wi-Fi、Zigbee等技术的运用使得机器人具有无线、操作区域连续、可移动等优点，为机器人在复杂楼宇、野外环境提供了一种重要的技术支持。

7. 可靠性

由于微电子技术的快速发展和大规模集成电路的应用，机器人系统的可靠性有了很大提高，故障几率大大降低，可修复性增强。

1.1.5 国内机器人的研究现状

我国机器人的研究开始相对较晚。先后经历了20世纪70年代的萌芽期，80年代的开发期，90年代的适用化期和21世纪的高速发展期。

1972年，在中国科学院沈阳自动化所里，被誉为“中国机器人之父”的蒋新松在诸多争议声中开始了机器人研究。1977年，沈阳自动化所将智能和机器人技术确定为学科发展方向。之后，正式将机器人技术研究纳入发展规划。

进入20世纪80年代后，我国机器人技术的开发与研究得到了政府的重视与支持。“七五”期间，国家投入资金，对工业机器人及其零部件进行攻关，研制出喷涂、点焊、弧焊和搬运机器人等五类机型。国家“863”计划实施后，跟随世界机器人的发展潮流，智能机器人主题成为主要研究方向，国内也建立了一批优秀的机器人研究基地，如北京航空航天大学机器人研究所、哈尔滨工业大学机器人研究所、上海交通大学机器人研究所、浙江大学机器人研究所等。历经几年，他们成功地研制出了一批特种机器人。

20 世纪 90 年代初期，我国的工业机器人也在实践中迈进了一大步。点焊、弧焊、装配、喷漆、切割等各种用途的工业机器人相继出炉，形成了一批机器人产业化基地。中科院沈阳自动化所研制成功的 6 000 m 水下机器人，能够无缆进行作业，获得 2000 年国家十大科技成果奖。2006 年，我国研制成功世界最大潜深载人潜水器“海极一号”，7 000 m 的工作潜深，可以达到世界 99. 8% 的海底，比世界上另外五台同类产品深 500 m。

21 世纪，随着科技的发展进步，微电子、计算机技术、传感器技术的运用，新型机器人应运而生。2011 浙江大学机器人研究团队研制出新型仿人机器人，名为“悟”与“空”的两个机器人能够打乒乓球（见图 1. 4），验证了其快速连续反应能力。在机器人平地行走难题得到克服之后，外形、思维和动作与人相似的机器人正成为国际科学界研究的新热点。新型机器人对机器人的运动规划、平衡控制、机械结构设计、材料选择和加工工艺提出了更高的要求。

图 1. 4　浙江大学打乒乓球的机器人

经过 40 多年的发展，尽管我国机器人的研究在一些方面已经达到了世界先进水平，但还存在着一些问题。一方面，在产业化方面与国际上有着一定的差距；另一方面，我国机器人研究多是借鉴外国先进技术，进行二次开发的多，自身技术创新的较少。

目前我国机器人主要朝着仿人仿生方向发展，已经取得了一定的成绩，但创新不足仍是主要问题。总体上看，我国机器人研究仍然任重而道远。

1.1.6 机器人的应用与展望

1. 机器人应用领域

近年来，人类的活动领域不断扩大，机器人应用也从制造领域向非制造领域发展。海洋开发、宇宙探测、采掘、建筑、医疗、农林业、服务、娱乐等行业都提出了自动化和机器人化的要求。这些行业与制造业相比，其主要特点是工作环境的非结构化和不确定性，因而对机器人的要求更高，需要机器人具有行走功能、对外感知能力以及局部的自主规划能力等，这也是机器人技术的一个重要发展方向。

（1）水下机器人

水下机器人由于其所处的特殊环境，在机械设计上比陆地机器人难度大，设计时需要考虑到深度控制、深水压等。水下机器人用于海洋石油开采、海底勘查、救捞作业、管道敷设和检查、电缆敷设和维护，以及大坝检查等方面。水下仿生机器人是水下机器人的一个重要组成，近年来发展迅速，各国相继研发出仿生机器鱼、机器海龟等。

（2）空间机器人

空间机器人是用于空间探测活动的特种机器人，它是一种低价位的轻型遥控机器人，可在行星的大气环境中导航及飞行。空间机器人一直是先进机器人的重要研究领域。目前，美国、俄罗斯、加拿大等国已研制出各种空间机器人，如美国 NASA 的空间机器人 Sojanor。Sojanor 是一辆自主移动车，质量为 11.5 kg,尺寸为 630 ~ 48 mm，有 6 个车轮，它在火星上的成功应用，引起了全球的广泛关注。

（3）核工业机器人

国外核工业机器人的研究主要集中在机构灵巧，动作准确可靠，反应快，质量轻，刚度好，便于装卸与维修的高性能伺服手，以及半自主和自主移动机器人。已完成的典型系统有美国 ORML 基于机器人的放射性储罐清理系统，反应堆用双臂操作器，加拿大研制成功的辐射监测与故障诊断系统，德国的 C7 灵巧手等。

（4）地下机器人

地下机器人主要包括采掘机器人和地下管道检修机器人两类。其主要研究内容包括机械结构、行走系统、传感器及其定位系统、控制系统、通信及遥控技术。目前，日本、美国、德国等发达国家已研制出了地下管道和石油、天然气等大型管道检修用的机器人，各种采掘机器人及自动化系统正在研制中。

（5）医用机器人

医用机器人的主要研究内容包括医疗外科手术的规划与仿真、机器人辅助外科手术、最小损伤外科手术及临场感外科手术等。美国已开展临场感外科手术（Telepresence Surgery）的研究，用于战场模拟、手术培训、解剖教学等。法国、英国、德国等国家联合开展了图像引导型矫形外科计划、袖珍机器人计划以及用于外科手术的机电手术工具等项目的研究，并已取得一些卓越的成果。

（6）建筑机器人

日本已研制出20多种建筑机器人，如高层建筑抹灰机器人、预制件安装机器人、室内装修机器人、地面抛光机器人、擦玻璃机器人等，并已实际应用。美国卡内基梅隆大学、麻省理工学院等都在进行管道挖掘机器人、埋设机器人、内墙安装机器人等的研制，并开展了传感器、移动技术和系统自动化施工方法等基础研究。英国、德国、法国等国家也在开展这方面的研究。

（7）军用机器人

近年来，美国、英国、法国、德国等国家已研制出第二代军用智能机器人。其特点是，采用自主控制方式，能完成侦察、作战和后勤支援等任务，在战场上具有看、嗅和触摸能力，能够自动跟踪地形和选择道路，并且具有自动搜索、识别和消灭敌方目标的功能。如美国的Navplab自主导航车、SSV半自主地面战车，法国的自主式快速运动侦察车（DARDS），德国MV4爆炸物处理机器人等。目前，美国ORNL正在研制和开发Abrams坦克、爱国者导弹装电池用机器人等各种用途的军用机器人。

可以预见，在21世纪先进的机器人系统将会进入人类生活的各个领域，成为人类良好的助手和亲密的伙伴。

2. 机器人发展趋势

比尔·盖茨曾预言“未来家家都有机器人”。事实上，机器人的发展正经历着过去40年电脑发展的道路，不久的将来，机器人将会步电脑的后尘，与40年前的个人电脑一样，逐步地走进大众百姓的家家户户，将转变人类的生活方式。纵观当今世界机器人研究开发态势，仿生化、智能化、类人化将成为新的发展趋势。毋庸置疑，未来的机器人将会朝着如下三个方面发展。

（1）与人类社会的生活更为密切地结合起来，以为人做出更多的服务作为要素

有相关专家预言，20 年后，家中扫除、清洁的工作或老人的护理保健的工作可能全由机器人完成。美国旧金山的医院已开始使用机器人为病人送药、配药的服务。洛杉矶的医院将直径只有 30 μm 的由齿轮装配成的小小机器人植入人的血管里，这个小小机器人像潜水艇一样在血液的河流中自由自在地游动着。一旦遇到血管中淤积或飘浮的胆固醇、脂肪，它们就毫不留情地扑上去，迅速将其撕烂嚼碎；同凶恶的病毒相遇时，它们也毫不畏惧，挺身而出。

（2）仿生性、生物性的大趋势

在“2004IEEE 机器人学与仿生学国际学术会议”上，与会的机器人学专家表示：“模仿生物的身体结构和功能，从事生物特点工作的仿生机器人，有望代替传统的工业机器人，成为未来机器人领域的发展方向。”事实上，近年来仿生机器人一直是机器人研究领域的热点，一些仿生机器人也得到了广泛应用。仿鸟类、苍蝇等的飞行机器人，仿人机器人，蛇形机器人等陆地机器人，机器螃蟹、机器鱼、机器海豚等水下机器人，还有两栖机器人等相继研发，既提高了机器人的科技水平，又提高了人们对机器人技术领域的研发兴趣。

（3）类人化，人性化

按照“机器人三原则”，机器人始终要为人类服务，因而，类人化和人性化成为机器人研究的最根本的方向。双足机器人、情感机器人的研发，使得机器人越来越接近人类的生活，更好地为人类服务。日本本田公司研制的仿人机器人 ASIMO，是一款先进的仿人行走机器人，06 版的 ASIMO 除具备了行走功能与各种人类肢体动作之外，还具备了人工智能，可以预先设定动作，还能依据人类的声音、手势等指令，从事相应动作，此外，它还具备了基本的记忆与辨识能力。之后，法国 Aldebaran Robotics 公司的最新产品 NAO 取代了 ASIMO 登陆机器人世界杯，NAO 的手可抓拿物体，可处理影像与声音，可用声呐系统侦测周围环境。多媒体功能包括 high-fi 扩音器、麦克风与 CMOS 数码相机。2010 年意大利理工学院研制出了一个人形机器人，它能自己学习如何使用弓箭射击目标。通过复杂的计算机算法，“小电子人”能够从没有命中目标的射击“失败”中汲取教训和经验，不断改进，直到命中靶心。iCub 使用一种名为 ARCHER 的学习型算法体系。该体系使用一台相机捕获并处理靶标的图像，

并对之前失败的尝试进行分析，从而找出最佳的射击角度、力量以及飞行轨迹，最终一箭命中。

展望21世纪，机器人将会像20世纪计算机的普及一样，深入地应用到各个领域，所以很多专家预测，在21世纪的前20年是智能机器人发展的一个关键时期。目前，国际上很多国家对机器人影响人类社会的估计提出了新的认识，同时，我们也可以看到机器人技术的飞速发展将涉及更多的学科，例如机械、电工、自动控制、计算机测量、人工智能、传感技术等等。

1.2 仿生机器人

仿生学（Bionics）一词是1960年由美国J. E. 斯蒂尔根据拉丁字“Bios”（“生命方式”的意思）和字尾“nic”（“具有……的性质”的意思）构成的。他认为“仿生学是研究以模仿生物系统的方式或是以具有生物系统特征的方式或是以类似于生物系统方式工作的系统的科学”。尽管人类在文明进化中不断从生物界受到新的启示，但仿生学的诞生，一般以1960年全美第一届仿生学讨论会的召开为标志。

仿生学的研究范围主要包括：

（1）力学仿生

力学仿生研究并模仿生物体大体结构与精细结构的静力学性质，以及生物体各组成部分在体内相对运动和生物体在环境中运动的动力学性质。例如，建筑上模仿贝壳修造的大跨度薄壳建筑，模仿股骨结构建造的立柱，既消除了应力特别集中的区域，又可用最少的建材承受最大的载荷。

（2）分子仿生

分子仿生研究与模拟生物体中的催化作用、生物膜的选择性、通透性、生物大分子或其类似物的分析和合成等。例如，在搞清森林害虫舞毒蛾性引诱激素的化学结构后，合成了一种类似有机化合物，在田间捕虫笼中用千万分之一微克的该有机化合物，便可诱杀雄虫。

（3）能量仿生

能量仿生研究与模仿生物电器官、生物发光、肌肉直接把化学能转换成机械能等生物体中的能量转换过程。

（4）信息与控制仿生

信息与控制仿生研究与模拟感觉器官、神经元与神经网络，以及高级中枢的智能活动等方面生物体中的信息处理过程。例如，根据象鼻虫视动反应制成的“自相关测速仪”可测定飞机着陆速度；根据鲎复眼视网膜侧抑制网络的工作原理，研制成功可增强图像轮廓，提高反差，从而有助于模糊目标检测的一些装置。已建立的神经元模型达 100 种以上，并在此基础上构造出新型计算机。

（5）模仿人类学习过程

模仿人类学习过程，制造出一种称为“感知机”的机器，它可以通过训练，改变元件之间联系的权重来进行学习，从而能实现模式识别。此外，它还研究模拟体内稳态，运动控制、动物的定向与导航等生物系统的控制机制，以及人－机系统的仿生学方面。

某些文献中，把分子仿生与能量仿生部分的内容称为化学仿生，而把信息和控制仿生部分的内容称为神经仿生。

仿生机器人一直被科学家当作机器人研究中的一个重要方向，科学家和工程师们仔细研究了各种生物系统的结构、运动方式和控制方式之后，精巧地设计出了各种仿生机器人，实现了具有该动物特性的相关功能，更好地完成了特定的任务。

在制造仿生机器人的过程中，人类并没有完全抄袭大自然，而是抓住生物系统的一些基本行为特征，保持生物系统和人造系统在基本原理上的一致，使用可以得到的材料和可行的技术创造出了机器人这一群体。虽然比起大自然的造化，人类创造出的种种机器既笨拙又不经济，甚至相当可笑，但随着人类认识世界和改造世界的能力逐步提高，可以乱真的仿生机器人走进人类的生活并不是一个遥远的梦想。

1.2.1　仿生机器人的定义与分类

1. 仿生机器人的定义

仿生机器人就是模仿自然界中生物的外部形状、运动原理和行为方式的系统，能从事生物特点工作的机器人。

2. 仿生机器人的分类

和机器人一样，仿生机器人分类方式也很多。

（1）按照仿生类型分

主要分为仿人、仿生物和生物机器人三大类。

（2）按照其工作环境来分

主要分为空中仿生机器人、陆地仿生机器人、水下仿生机器人、两栖仿生机器人等。

1.2.2 仿生机器人的特点

仿生机器人的根本特点是模仿生物体的全部或部分功能或者模拟其控制方式。其设计制作的主要特点有：一是多为冗余自由度或超冗余自由度的机器人，机构复杂；二是其驱动方式有些不同于常规的关节型机器人，通常采用绳索、人造肌肉或形状记忆合金等驱动。

1.2.3 仿生机器人的研究现状与发展趋势

1. 研究现状

（1）水下仿生机器人

水下机器人由于其所处的特殊环境，在机构设计上比陆地机器人难度大，对水下深度控制、深水压力、线路绝缘处理及防漏、驱动原理、周围模糊环境的识别等方面的设计均需考虑。以往的水下机器人采用的都是鱼雷状的外形，用涡轮机驱动，坚硬的外壳可以抵抗水压。鱼类的推进方式已成为人们研制新型高速、低噪音、机动灵活的柔体潜水器模仿的对象。仿生鱼推进器效率可达到70%～90%，与水的相对速度比螺旋桨推进器小得多，有效地解决了噪音问题，水下机器鱼和机器蟹的灵活性远远高于现有的潜艇，几乎可以到达水下任何区域。

（2）空中仿生机器人

随着科技的发展和人类对制空权的重视，空中仿生机器人应运而生。空中机器人具有自主导航能力，是无人驾驶的飞行器。这类机器人活动空间广阔、运动速度快，居高临下而不受地形限制，在军事、森林火灾以及灾难搜救中，前景极好。按其飞行原理可分为固定翼飞行、旋翼飞行和扑翼飞行。目前国内外广泛关注的微型飞行器侧重于扑翼机的研究，它模仿鸟类或昆虫的扑翼飞行原理，将举升、悬停和推进功能集于一个扑翼系统，可以用很小的能量进行长距离飞行，同时具有较强的机动性。例如，2011 年德国科技公司费斯托（Festo）的科学家研制出的一种机器鸟，名为“智能鸟”（Smart Bird），它不仅可以完美模拟鸟类飞行，同时仿真度极高，足可以以假乱真，如图 1.5 所示。智能鸟采用富有革命性的设计，能够自行启动、飞行和降落。它的翅膀不仅能够上下拍动，同时也可以按特定角度扭转，因此这只超轻的机器鸟拥有出色的空气动力性能和令人惊叹的灵敏度。

图 1.5　智能鸟

（3）陆地仿生机器人

陆地仿生机器人多为模仿陆地哺乳动物、爬行动物、昆虫等，如可以攀爬管道的蛇形机器人。这种蛇形机器人大部分由轻质的铝或塑料组成，最大也只有成人手臂大小，机器人配有摄像机和电子传感器，可以接受遥控指挥。蛇形机器人可以成功爬上爬下一根塑料管道，并可以跨越废墟碎片间的一定空隙以及在草丛中来去自由，让蛇形机器人在坍塌废墟中穿梭，能更快地找到幸存者，为灾难救援工作带来了技术突破。同时这种机器人可以盘起或直立身子，以得到更好的视野，可以运用于军事侦察中。典型的蛇形机器人是 2012 年美国洛克希德 · 马丁公司的先进技术实验室推出的一个新侦察机器人的样机，长得就像一条穿着迷彩服的蛇，如图 1.6 所示。机器蛇灵活的关节由多个聚合物段连接而成，由电动机驱动。它的移动控制由软件执行，能针对不同环境实时确定最佳移动模式，如蠕动、滚动、S 形或螺旋形的扭动。它侧身蜿蜒前进速度最快，但需要良好的牵引力；身体缓慢起伏前进较慢，适合于密闭空间；而在平面上，则以滚动最为简单。在需要攀登楼梯等垂直障碍时，它也可以昂起

图 1.6　机器蛇

身子，仿生结构和智能化的控制软件使它能尽量模仿蛇的自然移动。

（4）仿人机器人

自 1983 年以来，美国研制出一系列 7 自由度拟人单臂和双臂一体机器人，并已用于空间站实验。1986 年美国犹他州大学工程设计中心研制成功了著名的 UTAHM IT 灵巧手，该手有 4 指，拇指 2 关节，其余 3 指各有 3 关节，手指关节绳索驱动并设有张力传感器。1990 年由贝尔实验室完成了灵巧手的软硬件控制系统，并仿真人手的拿、夹、抓、握物体等多种动作进行了实验。1992 年日本进行多指仿人手臂真实作业的研究，系统由主从手臂及传感控制系统组成，其灵巧手有 4 指，每指有 3 个关节，手具有 14 个自由度。随着多指灵巧手研究的发展，具有灵巧手的仿人臂及其系统的研究愈来愈受到重视。日本本田公司和大阪大学联合推出的 P1、P2 和 P3 型仿人步行机器人，将仿人机器人的研究推向一个崭新的高度，在 P3 的基础上本田公司又研制了“ASIMO”智能机器人。最近，法国 Aldebaran Robotics 机器人公司开发出仿人机器人 NAO，NAO 无疑是最酷的家用拟人化机器人产品之一，身高 23 in（58.42 cm），自由度极高，它的机械手可以牢牢地抓住物品，还可以处理图像和音频数据，并使用声呐进行导航。这款机器人还装有高保真度扬声器、麦克风和数码相机等部件。2000 年我国由国防科技大学独立研制的第一台具有人类外观特征、可以模拟人类行走与基本操作功能的类人型机器人名为“先行者”，它高1.4 m，重20 kg，不但具有人类一样的头部、眼睛、脖颈、身躯、双臂与两足，而且具备了一定的语言功能，并且能以每秒两步的速度快速行走。2011 年，浙江大学成功研制出了能快速连续反应的仿人机器人，这款机器人酷似人形，并且能够快速反应，进行乒乓球对决，最高回合记录达到 144 次。2012 年东京研究人员开发出了一款名为 SWUMANOID 的游泳机器人，它可以与运动员一样，随意变换自己的泳姿。它将对未来运动员作水下测试有很大的帮助，许多测试工作可以依靠机器人来完成。

2. 仿生机器人发展趋势

（1）仿生机器人结构的微型化

微型仿生机器人可用于小型管道进行检测作业，可进入人体进行检查和实施治疗而不伤害人体，也可以进入狭小的复杂环境进行作业等。仿生机器人微型化的关键是实现机电系统的微型化，即将驱动器、传动装置、传感器、控制器、电源等集成到一块硅片上，构成微机电系统，实现机器人整体结构的微型化。来自瑞典、西班牙、德国、意大利和瑞士的研究人员正在思考如何批量生产这种微型机器人。这种微型机器人只有苍蝇般大小，可以像昆虫那样成群活动，并在监管、微型制造以及医药等方面进行数据收集。这些机器人尽管只有不到 4 mm^2 大，却装有移动、通信、收集数据所需的所有设备，它们甚至能通过太阳能电池板产生自身活动所需的能量。

（2）仿生机器人的相似性和多变性

在军事侦察和间谍任务中，如果仿生机器人的外形与所模仿的生物外形完全一致，将能更隐蔽地、更安全地完成任务。日本研制的变形机器人包括若干小机器人，小机器人通过红外传感器和照相机识别周围的障碍物，然后相互协调，按照不同需要组合成狗、蜘蛛和蛇等七种形状，可以根据环境变化而改变自己的形状。机器人的多变性使其能够进入各种人类难以接近的灾害现场实施调查，还有望应用于航天探测等领域。

（3）仿生机器人的多功能性

21 世纪人类将进入老龄化社会，发展多功能仿生机器人将弥补年轻劳动力的严重不足，解决老龄化社会的家庭服务和医疗等社会问题，并能开辟新的产业，创造新的就业机会。在医疗领域，仿生机器人可以用于假肢和器官移植，用仿生机器人技术可以做成动力型假肢，协助瘫痪病人实现行走的梦想。

并且硬件的设计使仿人机器人的外观拟人化，各种软件的开发使其具备了语言能力和运动能力，因而仿人机器人不但能唱歌跳舞，甚至能够与人交流，所以仿人型的娱乐机器人也走近了家庭之中。

（4）仿生机器人群

仿生机器人群通常应用在需要多机器人协作的场合，如机器人生产线、柔性加工工厂、消防、无人作战机群等。它是通过模仿蚂蚁、蜜蜂以及人的社会行为而衍生出的仿生系统，通过个体之间的合作完成某种社会性行为，通过群体行为增强个体智能，提高系统整体的工作效率。

1.2.4 仿生机器人的应用

仿生机器人在很多领域有着广泛的应用，比如军事、工业、考古、勘探、娱乐及服务等方面。

1. 仿生机器人在军事领域的应用

大量的仿生机器人可以应用在军事侦察和间谍任务中，仿生机器人的外形与所模拟生物的外形极其相近，不易被发觉，能更安全地完成任务。比如水下机器鱼和机器蟹的灵活性远远高于现有的潜艇，几乎可以到达水下任何区域，作为军用侦察和科学探索的工具，甚至可以作为扫除水雷等杀伤性武器的工具，其发展和应用的前景十分广阔。

2. 仿生机器人在家庭、服务业中的应用

仿生机器人，尤其是仿人机器人，可以在家庭中照顾老人和小孩，可以在医院中照顾病人，另外，迎宾机器人也可以广泛应用于医院、宾馆等服务场所，在社会逐步步入老龄化以后，劳动力缺乏的情况下，此种机器人的需求将更加明显。

3. 在防灾救援等特殊场合的应用

在防灾救援方面，蛇形机器人、蜘蛛机器人等就可以在灾难事故现场，进行攀岩、灭火、钻洞等人类不能进行或者会对救援人员有潜在伤害的救助活动。在某些危险的工作环境下，新的类人机器人也可以取代人类，成为新型的劳动力，比如矿井下工作、高辐射工作场所等。

4. 在教育、娱乐方面的应用

新型的仿生机器人，不仅会拥有很强的运动能力，更会拥有丰富的感情和交流能力，它们可以成为人类的良师益友，尤其在教育儿童方面，可以不厌其烦地工作，完成老师和伙伴等多重工作，可以教会孩子们知识的同时给他们带来更多的乐趣；它们还将拥有跳舞、唱歌等功能，在人们工作疲惫的时候，给人们带来休闲和快乐。

在对自然界生物的学习、模仿、复制和再造的过程中，发现和发展相关的理论和技术方法，使仿生机器人在功能和技术层次上不断提高，应用也越来越广泛；它们在军事、娱乐和服务等方面的重要性，使得仿生机器人已经成为21 世纪机器人研究的热点。

1.3　水下仿生机器人

自 20 世纪 90 年代以来，随着仿生学、流体力学、机器人学的进步，计算机、传感器和智能控制技术的快速发展，以及新型材料的不断涌现，海洋经济的发展和军事需求的增加，水下机器人能像水下生物那样在水中遨游已经不再是梦想了。

1.3.1　水下仿生机器人的研究意义

21 世纪是海洋开发的世纪，水下机器人在海洋环境研究、海洋资源探测和开发等民用领域与海洋军事方面具有广阔的应用前景和巨大的潜在价值，吸引了人们更多的注意力。鱼类的游动方式具有高速、高效、灵活、低噪等特点，其游动和控制姿态的能力是目前任何装备有传统操纵与推进系统的潜水器所无法比拟的，将其应用于水下机器人，将为水下机器人的研究和发展提供新的起点和更为广阔的空间。近年来水下仿生机器人已经成为水下机器人的重要研究方向之一。

1.3.2　水下仿生机器人的分类

目前已研制出的水下仿生机器人中，根据其工作状态一般可分为有缆水下机器人和无缆水下机器人两大类；根据其所模仿水下生物的运动方式，可分为仿生鱼水下机器人、仿多足爬行动物水下机器人和仿蠕虫水下机器人。

1.3.3　水下仿生机器人的发展趋势与展望

水下仿生机器人运动灵活，能量利用率高，但仍面临很多问题，比如能量提供、防水、下潜深度等。目前，水下仿生机器人仍具有巨大的发展空间。

（1）水下仿生机器人驱动装置的优化

传统的驱动装置较多采用电动机驱动，但随着形状记忆合金、压电陶瓷、人工肌肉等新型智能材料的出现，将取代电动机驱动，从而减小驱动装置的质量和体积，增大有效载荷和可利用空间。

（2）水下仿生机器人运动机理的优化

随着科学家对深海运动生物的游动机理的研究，以及驱动装置的不断优化，结合新颖的耐压机制，水下仿生机器人的运动机理得到不断完善，未来的水下仿生机器人将可以实现大潜深，游动效率将更高，运动也会更加灵活，可以和真正的海洋生物相媲美。

（3）水下仿生机器人个体智能化发展

目前所研制的水下仿生机器人基本处于人工控制阶段。随着人工智能、自动控制、计算机技术等多种学科的进一步发展，个体水下仿生机器人将具备以下的智能功能：信息交互能力；环境感知能力，包括自身深度感知、游动速度感知、障碍物检测等；紧急情况下可实现自我保护，如躲避障碍物、电力不足时可自动上浮或返航等。

（4）群体水下仿生机器人发展

单体的力量是很弱小的，游动动作很简单，但作为一个群体，鱼类在攫取食饵、逃避敌害、群体洄游等方面表现出较强的群体力量。同样的，单个水下仿生机器人的活动范围和能力也是非常有限的。但是今后的水下仿生机器人将在复杂环境下进行水下作业、海洋监测、海洋生物观察和军事侦察等艰巨的工作，因此具有高机动性、高灵活性、高效率、高协作性的群体水下仿生机器人系统将是未来发展的趋势。

1.4 仿生机器鱼

1.4.1 概述

随着人类的发展，对资源的需求不断增加，陆地上的资源日益紧缺，于是人类把目光投向海洋。20 世纪中期以来，随着科技的发展，机器人技术得以发展并飞速进步。世界上许多国家都非常重视机器人技术的研究，将机器人作为一个重点研究项目而大力发展。但当前水下机器人多采用传统的螺旋桨作为推进器，其体积大、质量重、能耗高、综合效率低、可靠性差、瞬时响应有严重的滞后现象、运动灵活性能差，并且伴有较大的噪音和尾涡。螺旋桨效率低也是水下机器人能源瓶颈的重要原因之一。螺旋桨推进器的这些缺点不利于开发具有大范围转移能力和高机动性的水下机器人。为克服螺旋桨推进器的这些缺陷，适应未来水下机器人技术发展的要求，人们在开发新能源的同时，也在积极寻找性能更加优良的新型推进方式。

鱼类作为自然界最早出现的脊椎动物，经过亿万年的自然选择进化出了非凡的水中运动能力，既可以在持久游速下保持低能耗高效率，也可以在拉力游速或爆发游速下实现高机动性。鱼类在水中运动的完美性吸引生物学家研究鱼类的运动机理，机器人学者则希望制造出和真鱼一样的人工机器鱼。仿生机器鱼可以进行长时间、大范围、工况较复杂的水下作业，可以用于海洋生物考察、海底勘探和海洋救生等机动性能要求较高的场合。鉴于仿生机器鱼的诸多优点，国内外学者越来越重视新型仿生机器鱼的研究与开发，取得了很多阶段性的成果，设计出了各种各样的仿生机器鱼样机，机器鱼的理论和实验研究已渐显规模。

水下机器人按其作业方式可分为遥控水下机器人（Remotely Operated Vehicle，ROV）和自主水下机器人（Autonomous Underwater Vehicle，AUV），其中自主水下机器人因其活动范围大、智能水平高、作业费用低等优点，代表了未来水下机器人技术的发展方向。自主水下机器人一般具有类似鱼雷的水动力学外形，采用螺旋桨推进器产生推进力，利用多个控制面进行机动运动。采用这种设计的自主水下机器人存在着推进效率低、机动性能差、对环境扰动大等缺点，极大程度地限制了其在狭窄、复杂和动态环境中的应用。为了克服上述缺陷，适应未来海洋开发与探索的需求，有必要寻找更加优良的新型水下推进方式。

鱼类和鲸豚类等海洋生物经过亿万年的自然选择与环境适应，进化出了群体推进和姿态控制于一体的游动机制，获得了非凡的水中运动能力，其游动的高效率、高机动性以及良好的隐蔽性都是目前装配有传统操纵与推进系统的水下机器人所无法企及的。例如，依靠身体和鳍的协调运动，鱼类的推进效率可以达到80%以上，而普通螺旋桨的推进效率只有40% ~50%；鱼类可在无需减速的情况下以10% ~30%体长的转弯半径进行机动运动，而船舶只能以3~5倍体长的半径进行缓慢回转。随着人类对鱼类游动机理认识的不断深入以及计算、控制、传感、材料等相关技术的发展，越来越多的科研工作者展开了仿生鱼类推进水下机器人的研究，从形态、结构、功能以及控制等方面对鱼类进行模仿和学习，希望能够实现集高效、灵活和隐形于一体的新型水下机器人。

1.4.2 机器鱼的定义与分类

由于机器人的结构和功能大都以模仿人类和生物为目标，作为机器人大家族中的一员，机器鱼的研究以模仿自然界鱼类游动的高效性、快速性、高机动性、低噪声以及鱼类与周围流体相互作用的涡控制（Vorticity Control）机制为目标。经过亿万年的自然选择，鱼类的形体几何参数、组织系统结构和皮肤构造机理符合流体力学特性，能很好地适应水生环境。鱼类在水中的自主游动，其速度或效率不能说达到了最优，但其整体性能却接近最优。无论是结构仿生还是功能仿生，机器鱼只能部分复现或接近鱼类的部分特征。

仿生机器鱼（Bio-mimetic Robot Fish），又名机械鱼、人工鱼或鱼形机器人，是参照鱼类游动的推进机理利用机械电子元器件或智能材料（Smart Material）来实现水下推进的一种运动装置。从仿生的角度来说，机器鱼的推进运动是基于鱼类的游动技能及其解剖学结构，波动或摆动的鱼体、控制自如的鳍和大展弦比的月牙尾。

按照推进模式、体积和驱动方式的不同，机器鱼可以分为以下不同的种类。

1. 按鱼类游动推进模式分类

鱼类的形态以及游动模式多种多样，从游动的时间特征可分为周期性运动和瞬时运动，前者常见于鱼类作长距离游动，而后者常见于鱼类捕食和逃避敌害，包括快速启动、迅速逃逸和机动转弯等。对鱼类游动的推进模式和推进机理的研究是仿生机器鱼研究的理论基础。在自然界中，为了适应环境，鱼类进化出各式各样的运动形式，如游动、潜伏、滑翔、射流反冲推进等。对流体力学和生物学者来说，其兴趣主要在于鱼类游动的周期性运动。1926 年 Breder

首先对鱼类游动的推进模式进行了分类，为以后的鱼类推进机制分类奠定了一个框架。1984 年，Webb 根据鱼类推进所使用的身体部位的不同，将鱼类游动的推进模式分为两类：身体/尾鳍推进模式（Body and/or Caudal Fin，简称 BCF）和中央鳍/对鳍模式（Median and/or Paired Fin，简称 MPF）。

按照鱼类推进运动的特征，机器鱼可以分为波动式机器鱼和摆动式机器鱼。波动式是指在游动过程中整个推进结构都参与了大振幅的波动，并且在推进长度上至少提供一个完整的波形。摆动式是指推进结构绕着基体转动，并不呈现波的形状。一般来说，波动式常指身体波动式，摆动式常指尾鳍摆动式。相对于尾鳍摆动式而言，身体波动式推进效率较低，但机动性较好。而尾鳍摆动式具有很高的推进效率，适于长时间、长距离巡游，不足之处是机动性较差。

此外，从机器鱼推进器的设计和应用出发按照鱼体的形态及运动形式，机器鱼又可以分为鳗鲡模式（Anguilliform Mode）机器鱼、鲹科模式（Carangiform Mode）机器鱼、鲹科加月牙尾推进（Thunniform Mode）机器鱼和胸鳍摆动/波动式机器鱼。前三种模式的主要区别在于产生推进运动的身体波（Body Wave），它们的主要特征如下所述。

（1）鳗鲡模式是指整个鱼体从头到尾都作波状摆动，鱼体至少呈现一个完整的波形，而且波幅基本不变，其特点是行进单位距离所需能量最少。

（2）鲹科模式的波动主要集中在身体后 2/3 部分，向后摆幅急剧增大，鱼体后段逐渐缩小，形成尾柄，并连接尾鳍，推进力主要由具有一定刚度的尾鳍产生，依靠刚性、高展弦比尾鳍的大幅摆动实现高速和高效推进，推进速度和推进效率较鳗鲡模式高，在速度、加速度和可控性三者之间有最好的平衡。

（3）在鲹科加月牙尾推进机器鱼中，鱼的前体基本失去柔性，推进运动仅限于身体后 1/3 部分，特别是尾鳍至尾柄处。通过具有一定刚度、高展弦比尾鳍的运动，鱼体产生超过 90% 的推进力。该模式适于长时间高速巡游，海洋中游速最快的鱼类如鲨鱼和金枪鱼几乎都采用该推进模式。快速（巡游速度高达 20 节）和高效推进（流体推进效率高达 80% 以上）的优点，使鲹科加月牙尾推进成为仿生推进研究的热点。

（4）胸鳍摆动/波动式推进所产生的推进力和推进效率最低，大部分鱼类主要通过胸鳍的摆动/波动来提高游动的机动性或作辅助推进。

BCF 游动模式是机器鱼研制的主要模仿对象，除了 RoboTuna 可以作为 BCF 游动模式机器鱼的典型代表外，其他具有较大影响力的 BCF 游动模式机器鱼包括：Anderson 等开发的涡控制无人水下机器人 VCUUV［见图 1.7（a)］，日本运输省船舶技术研究所研制的具有不同功能和形态的一系列机器鱼［见图 1.7（b)］，Liu 等研制的用于娱乐和观赏用途的机器鱼［见图 1.7（c)］,Morgansen 等开发的采用尾鳍驱动的灵活机动的机器鱼［见图 1.7（d)］,北京航空航天大学机器人所研制的用于水下考古的 SPC－II 仿生机器鱼［见图 1.7（e)］等。

MPF 波动分为鳐目模式、刺鲀科模式、电鳗背鳍模式、电鳗臀鳍模式和鳞鲀科模式。鳐目模式通过大型柔软的三角形胸鳍的竖直波动产生推进力，常见于鳐鱼、蝠鲼等，其运动类似于鸟类的飞翔。刺鲀科模式的推力来源于胸鳍的左右波动，胸鳍上可见两个完整的波形，且波动常伴有拍翼运动。电鳗背鳍模式靠背鳍的波动进行游动，而身体保持笔直状态。电鳗臀鳍模式可看作将电鳗背鳍模式的背鳍布置在鱼体的臀部形成的。鳞鲀科模式采用背鳍和臀鳍的波动产生推进力。MPF 摆动分为隆头鱼科模式和鲀目模式。隆头鱼科模式采用胸鳍的摆动实现推进，而鲀目模式靠背鳍和臀鳍的同向或者反向摆动产生推进力。

采用 MPF 模式推进的机器鱼得到了广泛的研究，比如 Kato 研制的采用胸鳍推进的机器黑鲈［见图 1.8（a)］，Low 开发的采用柔软波动鳍推进的机器鱼［见图 1.8（b)］，Tangorra 等开发的用于无人水下机器人上的仿胸鳍推进器［见图 1.8（c)］，Palmisano 等研制的基于可控胸鳍的机器鱼［见图 1.8（d)］,北京航空航天大学机器人所研制的采用摆动翼推进的仿蝠鲼机器鱼［见图 1.8（e)］，以及 Suzumori 等开发的采用气动橡胶驱动的仿蝠鲼机器鱼［见图 1.8（f)］。

2. 按机器鱼体积分类

目前，仿鱼推进技术的研究虽然还未达到实用程度，但各种各样针对理论研究和性能验证的机器鱼设计正在实验室进行。从体积的角度来划分，可分为常规机器鱼和微小型机器鱼。常规机器鱼的研究与开发，旨在设计一种快速、高效、可操纵的水下推进装置，试图在水下潜行器和水下机器人领域取代螺旋桨等常规推进器。随着微机电系统（MEMS）的发展，仿鱼类微型泳动推进装置成为越来越受关注的前沿研究课题之一。液体中泳动微机器人的研究，将为液体

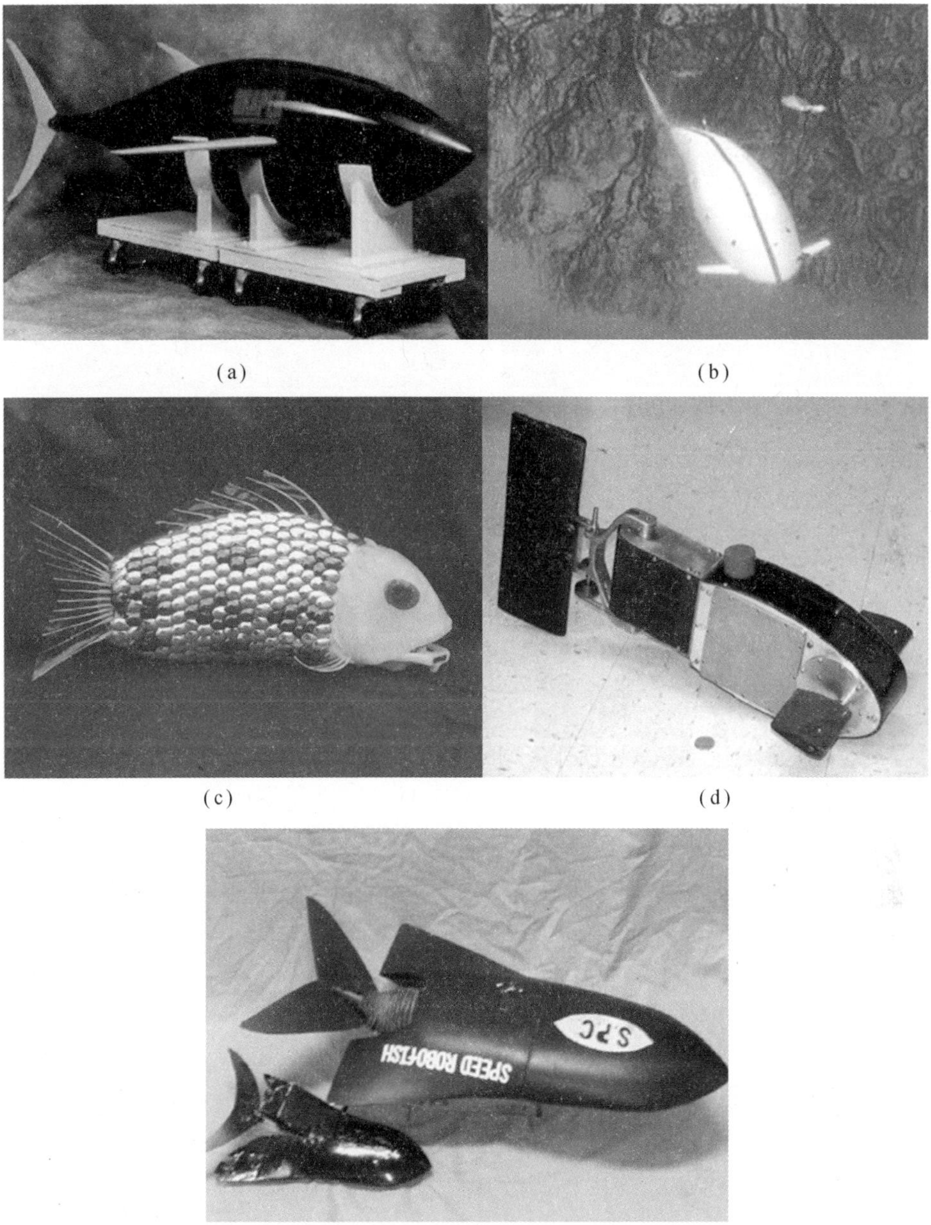

(a) (b) (c) (d) (e)

图 1.7　采用 BCF 游动模式的机器鱼

(a)

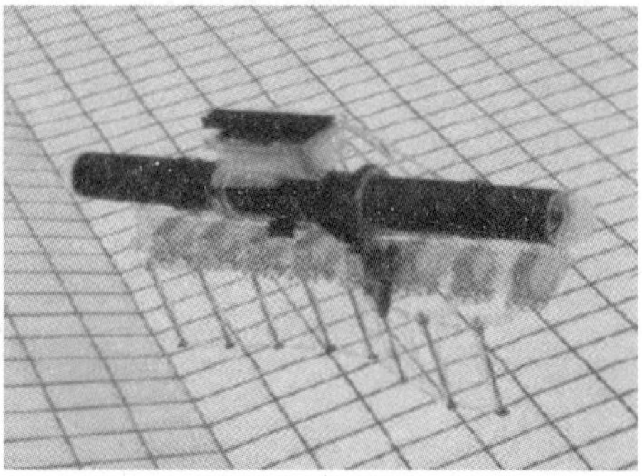

(b)

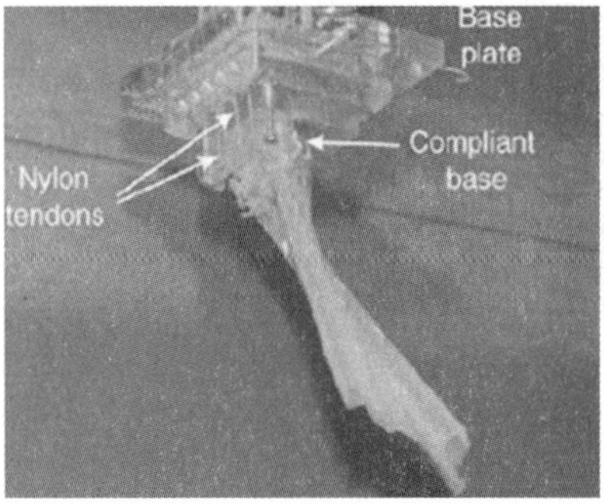

(c)

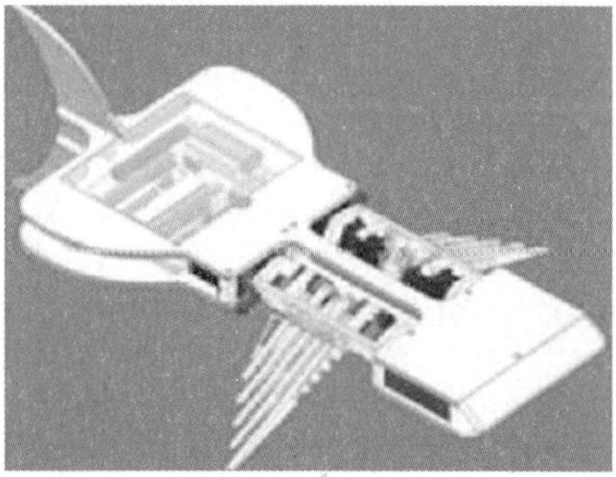

(d)

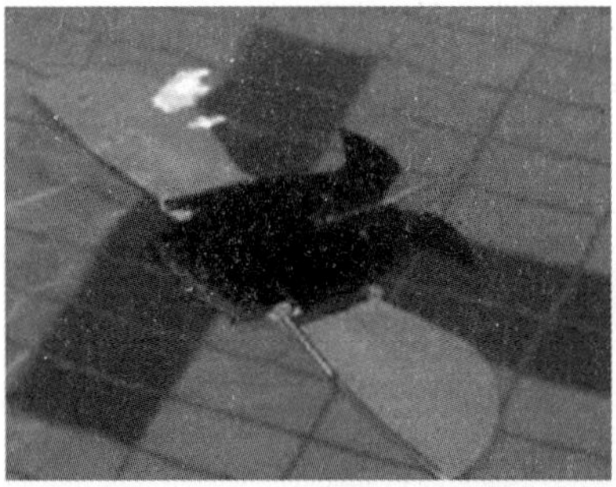

(e)

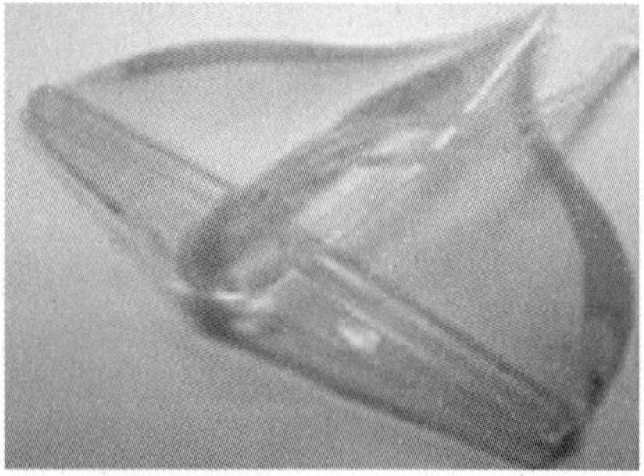

(f)

图 1.8　采用 MPF 游动模式的机器鱼

微管道机器人提供一种重要的形式，同时也将为血管机器人的研究提供基础。

3. 按机器鱼驱动方式分类

按照驱动方式的不同，国内外现已开发的机器鱼可分为两类：一类是采用液压、电磁马达等常规驱动元件的机器鱼；另一类是采用智能材料如形状记忆合金（SMA）、压电陶瓷（PZT）和特殊发动机，如半自由活塞型斯特林发动机（Semi-free-piston Stirling Engine）等特殊驱动元件驱动的机器鱼。

作为鱼类推进机理和工程技术的结合点，仿生机器鱼包含水动力学控制和机器人技术的多学科问题。有关鱼类的科学性研究，最早可以追溯到希腊学者亚里士多德（Aristotle，公元前 384—322 年），而真正意义上机器鱼的出现是近 10 年的事。由于鱼类游动方式包含着深刻的生物学和流体力学机理，涉及仿生学、材料学、控制技术、制造技术、群体行为学等，机器鱼作为一种新生事物，其发展有赖于多学科的交汇融合、协同努力。

1.4.3 鱼类波状游动的生物流体力学

由于 BCF 式鱼类游动的速度和效率较高，建模与实验相对容易，因此对鱼类游动流体力学的研究主要集中在 BCF 游动上。采用 BCF 游动模式的鱼类通过鱼体波状摆动与周围的水相互作用，依靠水对鱼体的反作用产生流体动力，其中沿着鱼游方向的分量便是鱼的推力。在流体力学中用雷诺数 Re（$Re = Ul/\gamma$）来表示惯性力与黏性力之比，其中 U 是游速，l 是体长，γ 为运动黏性系数。在鱼游的雷诺数范围内（$10^4 \sim 10^8$），惯性力起主导作用，而黏性力仅限于边界层和尾迹区。鱼类采用身体和尾鳍的波状摆动获得的推力主要包括以下几部分。

（1）惯性力

当物体在水中运动具有加速度时，它必须因改变水的动量而受到反作用，称之为附加质量效应，是一种惯性力。当鱼体横向摆动时，各个阶段都在水中左右运动，产生局部的附加质量效应，这些惯性力在前进方向的投影之和构成推力。

（2）前缘吸力

当水流过鱼体上曲率很大的钝前缘和尾鳍前缘时，局部流速增大，形成低压区，产生前缘吸力，构成一部分推力。

（3）尾涡作用

鱼尾往复摆动时，将边界层的涡量脱泻出旋涡，在尾迹中形成反卡门涡街。由于尾流形似向后的喷流，对鱼体的反作用即为推力。

（4）月牙尾的升力作用

对于基于鲹科的月牙尾推进模式，其推力主要来自大幅摆动的月牙尾，这相当于一个非定常机翼同时做沉浮振动和俯仰振动，其俯仰角可达 40°以上。月牙尾可利用大攻角下振动机翼的动态过失速特性产生高升力，从而在游动方向上获得高推力。

鱼类通过身体和鳍的波状摆动获得推力的同时，必然会受到阻碍其运动的水的阻力。鱼类在水中游动时受到的阻力包括：

（1）表面摩擦阻力

表面摩擦阻力是由水所具有的黏性以及较大的速度梯度引起的，其大小取决于湿润面积和鱼游速度。

（2）形状阻力

形状阻力的大小主要取决于鱼的外形，为了减小形状阻力，大多数游得快的鱼都具有流线型的外形。

（3）诱导阻力

当胸鳍和尾鳍产生推力和升力时，它们产生的涡会引起能量损失，损失的大小取决于这些鳍的形状。

其中，形状阻力和诱导阻力合称为压差阻力。英国学者 Gray 在 1936 年对一个刚性海豚模型在水中运动时所需的功率作了估计，发现海豚肌肉所能够提供的功率是所需功率的 1/7，其推理是海豚必然存在很重要的减阻机制。人们将海豚的减阻之谜推广到整个鱼类，称之为 Gray 悖论。关于鱼类的减阻机制的研究，除了鱼体本身的低阻外形研究之外，还进行了以下研究：边界层流动控制、鱼体表面黏液的减阻作用以及鱼体表皮的柔顺壁作用。另外，MIT 的机器金枪鱼水池托拽实验表明，鱼类善于运用尾鳍进行涡控制，减小无用的能量损耗，达到理想的游动效率。

1.4.4 国内外机器鱼的研究现状

经过数百万年的自然演化，持久的速度、迷一般的效率和大的推重比，鱼类及鲸豚类以高超的游泳技巧远高明于人类现有的航海技术，而它们流线型身体具有流体力学分析的最佳性能，更为造船工程学者所赞叹。

关于仿生机器鱼的研究主要分为两个阶段：20 世纪 90 年代以前主要侧重于基础理论的研究；20 世纪 90 年代以后，随着机器人学、新型材料和驱动装置的进步，人们开始机器鱼的研制。目前，对仿生机器鱼的研究主要侧重于两方面：一方面，深入探索鱼类高效、快速游动的机理，建立简单、实用的动力学和运动学模型；另一方面，从仿生的角度研制快速、高效、高机动性的机器鱼，揭示鱼类涡控制的奥秘。

1. 国外研究现状

（1）鱼类推进机理研究现状

鱼类游动机理的研究从本质上是对鱼类游动的生物流体力学的研究，探索鱼作为生命机器的力学设计概念和理论，包括神经控制、生物材料性能、推进机制等，其技术手段包括实验测量、数值模拟、理论分析以及活体的观察和解剖等。对鱼类推进模式的研究是仿生机器鱼研制的基础，国外学者很早就致力于这方面的工作。希腊学者亚里士多德在《动物史》一书中就记述了鱼类的构造、繁殖和洄游，并认为所有的鱼都有鳃和鳍，多数鱼类有鳞片，有眼睑，无耳。在以后很长的一段时间里，人类处于逐步认识鱼类和积累鱼类知识的阶段。从 17 世纪后期起，对鱼类的科学研究有所增加，如从气压的角度对鱼鳔进行研究。1700—1800 年在鱼类研究方面的进展不大，测压装置的进一步改进对鱼鳔进行了进一步研究。1910—1950 年动物学家和工程学者通力协作，产生了一批富有意义的成果，如 Breder 对鱼类推进的分类及 Gray 对鳗鱼和鳕鱼等鱼类运动身体波的研究。1950 年前后，数学家加入了研究行列，由此对鱼类推进的研究从定性分析转变为定量分析，建立了相关的力学和数学模型。20 世纪 60 年代到 70 年代中期，是鱼类外部流体力学领域富有硕果的时期，以英国的 Highthill 和美国的 T. Y. Wu 为代表发表了一系列开创性论文。从 20 世纪 80 年代至今，结合计算技术和流场测试手段的进展，对鱼类的推进理论开展了深入细致的研究。表 1－1 给出了当前国外鱼类推进机理研究的一些相关研究机构。

表 1.1　国外鱼类推进机理研究的研究机构

国别	研究单位	研究内容
美国	麻省理工学院的 M. Triantafyllou 研究组	涡流控制和减阻机制
	北亚利桑那州大学的生物系	鱼类游动行为
	加州大学的动物系	鱼类推进数学模型
	拉法耶特学院的数学系	鱼类推进数学模型
	康涅狄格大学	鱼类游动的结构和功能
	南加州大学	游动和飞行的研究
	宾夕法尼亚大学	鳗状推进
	东北大学的海洋科学中心	鳗状推进
	明尼苏达大学的机械工程系	流体控制
加拿大	渥太华大学	电子鱼项目研究
日本	东海大学的 Kato 实验室	胸鳍推进
	东京工学院的机械动力学和控制实验室	胸鳍推进
	运输省的船舶技术研究所（SRI）	驱动装置机动性研究
	日本大学的 Nakamura 实验室	鱼类推进

2000 年麻省理工学院（MIT）的 M. Triantafyllou 研究组（以下简称 MT）在对鱼类推进机理研究的综述中指出：

①描述鱼类尾迹的三维非定常流动的力学模型尚不完善。

②鱼类游动的高效、高速源自涡控制。MT（1999）用 Robotuna 放在拖曳水池中做模拟活鱼阻力实验，实验结果表明：如果机器鱼处于低效率推进时，“活”鱼的阻力会比死鱼大许多；只有当机器鱼的波状游动处于最佳推进效率范围，“活”鱼才会大大减阻，相对于死鱼可减阻 50% 以上。减阻的原因在于，鱼善于利用尾鳍进行涡控制，从而达到理想的推进效率。对拍动翼（主要模仿鲹科加月牙尾推进模式）的推进性能研究发现，影响其推进性能的参数主要有五个，即沉浮振幅与翼弦长度之比，名义攻角（Nominal Angle of Attack，沉浮引起的气流偏角与俯仰角之差的最大值），沉浮与俯仰两种振动的相位差，无量纲频率（斯德鲁哈尔数 St，$St = fA/U$，此处 f 是振动频率，A

是尾迹宽度，U 是前进速度），俯仰轴在翼弦上的相对位置。从游动显示的尾迹形态来看，当尾迹呈现反向卡门涡街（Karman Vortex Street）形态时，推进效率将会上升。

③尾迹的反向卡门涡街形态可以采用量化的三维粒子影像测速法（DPIV）观测，或采用数值仿真方法计算。

④鱼类游动的快速性、高效性与身体的“C”形运动有关。

（2）仿生机器鱼控制的研究现状

随着鱼类推进机理研究的深入和机器人技术的发展，1994 年 MT 研究组成功研制出了世界上第一条真正意义上的仿生金枪鱼。此后，结合仿生学、机械学、电子学、材料学和自动控制的新发展，机器鱼研制渐成热点，表 1.2 给出了国外一些典型的机器鱼研究项目。

表 1.2　国外仿生机器鱼研究

国别	研究单位	研究内容
美国	麻省理工学院	第一条机器鱼 Robotuna（1994 年） Robotuna 改进版 Pike（1995 年） Robotuna 最高版 VCUUV（1998 年） 拍动翼研究
	中佛罗里达大学	微电子机器鱼（应用 SMA 技术）
	德州农工大学	仿生驱动材料研究
	东北大学海洋科学中心	水下仿生机器人项目（鳗鲡模式推进）
	波士顿大学	机器鱼推进建模
	加州理工学院	机器鱼推进的传感和控制
	新墨西哥大学	鳗状游动（IEM 驱动）
	伊利诺伊大学	电子鱼研究项目
	乔治・华盛顿大学	可控胸鳍的机器鱼
	加州大学伯克利分校	机器鱼（CALibot）
新加坡	南阳理工学院	柔软波动鳍推进的机器鱼
英国	赫瑞瓦特大学	机器鱼智能体研究
	剑桥大学	两个自由度的机器海龟

表 1.2（续）

<table>
<tr><th>国别</th><th>研究单位</th><th>研究内容</th></tr>
<tr><td rowspan="6">日本</td><td>岗山大学</td><td>仿蝠鲼机器鱼</td></tr>
<tr><td>东京大学的 Kato 实验室</td><td>人工胸鳍黑鲈（Black Bass）</td></tr>
<tr><td>名古屋大学</td><td>微型水下仿胸鳍模式浮游机器人（压电陶瓷驱动）
微型身体波动式水下推进器（形状记忆合金驱动）</td></tr>
<tr><td>Takara 公司</td><td>机器鱼、机器水母（宠物鱼）</td></tr>
<tr><td>三菱重工</td><td>机器鱼 Mitsubishi Animatronics（宠物鱼）</td></tr>
<tr><td>运输省船舶技术研究所（SRI）</td><td>PF-300PF-600S-FPSE200PF- 700UPF-2001
PF-200（上浮/下潜）
PF-550（上浮/下潜）</td></tr>
</table>

从表 1.2 中可以看出，美国和日本进行的机器鱼研究比较多，取得的成果也比较多。国外仿生机器鱼的研究发展趋势是利用新材料、新技术，对机器鱼的结构不断改进；结合水动力学研究的进展，提升机器鱼的综合性能，使之更加符合鱼类的推进机理；在此基础上，开始研制具有 3D 运动（上浮/下潜）的机器鱼，并且结合传感和控制技术研制人机交互式的智能鱼。

2. 国内研究现状

20 世纪 80 年代中后期，中国科技大学的童秉纲和程健宇采用半解析半数值的方法，提出了三维波动板理论（3DWPT），得到了国际上鱼类生物力学研究群体的广为运用和认同。1994 年华中理工大学开展了柔性尾鳍推进装置的实验与理论研究，初步探讨了尾鳍参数与推进效率之间的关系，并对鱼形机构的尾鳍部分进行试水试验，以验证鱼形机构的可行性。哈尔滨工程大学在国防基金的支持下，开展了仿生机器章鱼的研究，其主要目的是用于辅助打捞沉船，近期他们又研制了一条仿生金枪鱼。哈尔滨工业大学在国家自然科学基金的支持下，开展了水下机器人仿鱼鳍推进机理的研究，建立了利用弹性组件提高驱动效率的实验平台。中科院沈阳自动化研究所制作了两关节的仿生机器鱼模型。北京航空航天大学机器人研究所深入开展了仿鱼机器人（潜水器）技术的研究，提出了波动推进理论及其分析方法，设计研制了游动速度为

0.6 m/s的仿生“机器鳗鱼”实验模型；2001年3月又研制了仿生“机器海豚”，并在北京航空航天大学水洞实验室内进行了速度、功率参数测定实验、鱼体流动显示实验和鱼体运动阻力测定实验，获取了鱼的摆动推进深层次机理。2001年中科院自动化所复杂系统与智能科学重点实验室和北京航空航天大学机器人所联合开展“多微小型仿生机器鱼群体协作与控制的研究”，旨在为未来复杂、动态水下环境中多仿生机器人系统控制和协调作业提供理论基础和技术支持。北京大学智能控制实验室开展了一系列的水下仿生机器人的研究工作，继成功研制仿生机器鱼后，又先后开发了实现背腹式运动的仿生机器海豚［见图1.9（a）］，采用两自由度划水运动的机器海龟［见图1.9（b）］，基于桨腿复合机构的水陆两栖机器人［见图1.9（c）］，以及胸鳍和尾鳍驱动能自主定位的仿生盒子鱼［见图1.9（d）］。采用多个在身体周围分布的仿生拍动翼进行推进，可以实现较为灵活、自如的水下运动，同时能够保证机器人具有良好的稳定性。

目前，国内从事鱼类推进机理研究和机器鱼相关研究的研究机构较少，整体来说，国内仿生机器鱼及相关研究尚处于起步阶段，呈现以下特点：

①偏重于复杂的水动力学分析，没有能与鱼类的推进机理很好地结合起来；

②机器鱼结构简单、外形简陋、综合性能较低；

③仿鱼推进技术、传感技术以及控制技术的融合、集成发展程度不高，机器鱼的智能性不强；

④控制问题研究少，机器鱼的运动控制和多机器鱼的协调研究起步较晚。

1.4.5 机器鱼的主要研究内容和发展方向

仿鱼推进技术无论从推进机理还是从实现形式都完全不同于传统的螺旋桨推进技术，它兼具快速性和高效性，已成为水下推进领域的研究热点。从1990年至今，人们已提出了各式各样的仿生机器鱼设计和控制，并开始了仿生机器鱼样机的研制。机器鱼研究是一种多学科交叉的研究领域，其涉及的主要学科有仿生学、流体动力学、自动控制科学、材料科学、机械电子学等。由于机器鱼在水中运动的水动力学和运动学模型尚不完善，可供借鉴的研发经验也比较少，要实现机器鱼的制造及控制有相当难度。

从近期来看，机器鱼研究要解决的具体问题应包括如下几方面。

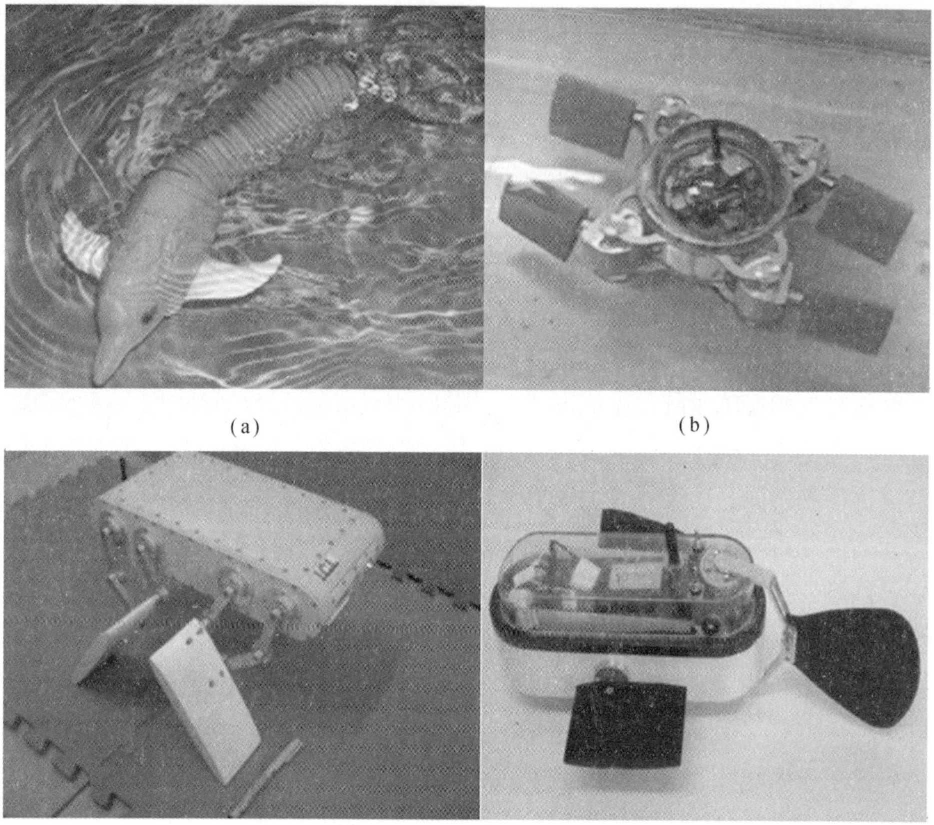

(a) (b) (c) (d)

图 1.9　各种水下仿生机器人

1. 鱼类推进理论模型的研究

鱼类推进运动学模型和水动力学模型的建立是仿鱼推进器设计的基础，流体力学家提出的鱼类波状游动的流体力学模型计算量大、过于繁琐，很难应用于实际设计中。从现有的文献来看，完善的、适于控制的水动力学的模型尚未建立。根据鱼类游动推进的形态学和运动学特征，建立精确的、定量的能描述推进运动和适于控制系统设计的运动学及动力学模型，将加快仿鱼推进技术的应用步伐。

2. 机器鱼机械结构的探索

在鱼类的进化过程中，不同的环境进化出不同外形和种类的鱼。在机器鱼的设计过程中，如何选择合适的材料和驱动动力，结合鱼类的推进机理来提取合适的形态参数和运动参数，实现机器鱼的机构最优、推进效率最高已成为机器鱼研制的关键。

3. 探索推进速度、运动方程、效率、功率的相互关系

鱼类在游动过程中，通过摆动尾鳍产生合理的流场来获得推力，这一过程伴随非定常涡的产生，从这个意义上讲，仿鱼推进技术的核心问题是涡控制。在自然界，鱼类通过身体的侧线感知周围流场的情况，并且动态地调整身体的形状使阻力最小、推力最大。而由鱼体和尾鳍构成的刚性系统在流体环境中运动时产生的动力学和流体力学耦合问题，现在仅停留在实验测量阶段。将实验测量和理论分析结合起来，探讨机器鱼游动的推进速度、运动方程、效率、功率等方面的客观规律，可为其运动控制提供理论基础及方法指导。

4. 机器鱼的控制性能研究

在运动过程中，由于机器鱼的形状动态地改变，引起流体的附加质量效应，很难使鱼体保持平衡。对于机器鱼运动过程中的推进和稳定性的矛盾，我们认为应当遵循“稳定第一、控制第二、推进第三”的原则。合理、有效的控制是连接稳定性和快速性的桥梁。随着传感技术和控制技术的发展，把视觉超声和姿态传感器集成到机器鱼本体上，利用多传感器信息融合来提高机器鱼与环境的交互能力，从而实现机器鱼的自主控制，这将大大提高机器鱼对环境的适应性，拓宽机器鱼的应用范围。

从控制的角度来看，对装备有各种传感器的机器鱼的控制性能研究应包括以下几方面。

（1）定位与导航技术研究

目前，机器鱼大都在 2D 平面运动。当具有上浮/下潜功能后，无疑会增加机器鱼的运动范围，同时也增大了控制难度。无论是机器鱼单体还是群体，一旦步入应用阶段，定位与导航将是一个不容回避的难题。在 2D 环境中，利用 GPS（Global Positioning Systems）导航或许是一种有效的方法；在 3D 环境中，可利用声呐、视觉等来获取环境信息。针对部分未知或完全未知环境，如何从大量信息中快速、准确识别环境和目标将是制约机器鱼快速性、机动性发挥的关键，也是下一步研究的主要目标。

（2）游动控制算法的研究

机器鱼的游动控制包括速度控制和方向控制。在运动学和动力学模型尚不

完善的情况下，参照鱼类推进的理论模型，在水动力学研究和实验的基础上进行机器鱼的智能控制算法研究，可增加机器鱼的可控性和机动性。

（3）多机器鱼的协调协作研究

按照多智能体理论，建立多机器鱼分布式控制系统，在此基础上，开展多鱼协调游动的水动力学模型、多机器鱼协调运动、队形控制等一系列关键技术的研究，可为未来实用型机器鱼的群体协作提供必要的理论和技术支持。此外，从航运的角度来看，仿鱼推进方式要想取代传统推进方式就不得不考虑舒适度的问题。如何进行鱼体头部和推进方向的协调控制，如何在尾部波动/摆动方式下保持整体的平稳度，在现有文献中均未见报道。

1.4.6 机器鱼的研究目的及意义

由于陆地资源日益枯竭，人们把目光投向了拥有丰富资源和巨大开发价值的海洋。随着海洋开发需求的增长及技术的进步，适应各种非结构化环境的水下机器人将会得到迅猛的发展。仿生机器鱼作为一种结合了鱼类推进模式和机器人技术的新型水下机器人，与传统的基于螺旋桨的水下航行器相比，具有以下优点：

（1）推进效率高，采用仿生推进器比常规螺旋桨推进器的效率可提高30%以上，从而可节省能源，延长水下作业时间，提高续航能力。

（2）机动性能高，通过身体和鳍的协调运动，可提高快速启动、上升下潜、悬停定位以及机动转弯的性能，增强了在复杂水下环境中的作业能力。

（3）隐蔽性能好，采用仿生波动式或摆动式运动，其尾流与鱼类相似，对环境扰动小，很难被水下声呐装置探测。

（4）仿生性能良好，仿生机器鱼不论在外形还是游动方式上都与自然界中的鱼类相同，对海洋生态的影响较小。

针对上述优点，仿生机器鱼在以下领域中得到了广泛应用：

（1）要求作业时间长、范围大，但本身承载能力或承载空间有限，不能加载太多能源的场合，如环境监测、军事侦察等。

（2）要求机动性能高的场合或空间狭窄、空间结构复杂的场所，如管道检测、管道内部结构复杂，采用微小型机器鱼可较好地完成作业任务。

（3）海洋生物观察，常规螺旋桨推进器噪声大，对环境扰动大，使水下运动装置很难接近所要观察的海洋生物，采用静音驱动的机器鱼有望解决这一难题。

（4）海底勘探及海洋救捞，采用仿生推进方式可以容易地进入环境复杂的海洋空间，如沉船内部、珊瑚礁群，完成常规潜水器所不能完成的作业任务。

（5）军用方面。一方面，利用仿鱼推进技术可制造小型潜航武器、无人驾驶仿生袖珍潜艇。该袖珍潜艇比传统潜艇具有更高的机动性和可操作性，可直接进行水下侦察，发现敌方雷区，跟踪及摧毁敌方潜艇。另一方面，由于机器鱼体积小、成本低、机动性好，可以由水面舰艇、潜艇及飞机等大量携带，成群投放，将在攻击、侦探和扫雷等方面发挥重大作用。此外，还可利用机器鱼体形小，不易被声呐所探测的特点，平时化整为零在特定海域游弋，当遇到敌方舰队时迅速集结，重点攻击，以较小的代价重创敌方。

（6）娱乐方面。目前，新的机器人技术正越来越多地应用于玩具制造业。自 1999 年 6 月，日本索尼公司推出“Aibo”机器狗，“机器宠物”的概念便风靡全球。2000 年 3 月，在东京玩具展览会上，日本第三大玩具制造商 Takara 公司展出了一系列机器鱼“Aquaroid Fish”，包括机器水母和机器蟹。2001 年 1 月，三菱重工（MHI）开始生产面向市场的机器鱼“Mitsubishi Animatronics”，该鱼仿照一种已经灭绝的腔棘鱼外形制造，是世界上第一条采用无线控制的“宠物鱼”。随着制造工艺的进步和技术创新，“宠物鱼”将以优美的造型和低廉的价格走向市场。

由于机器人应用领域的扩展和任务复杂性的增加，单体机器人在信息的获取、处理以及控制等方面往往显得力不从心。受多智能体系统和生物群体智能的启发，人们考虑使用多个机器人组成的群体通过协调、协作来完成单体机器人无法或者难以完成的工作。经过 20 多年的发展，研究者们对多机器人协作系统的体系结构、协作与协调策略、通信机制、学习和演化等方面进行了大量的研究，并产生了多种典型的协作任务来验证算法的有效性，如动态环境下的队形保持与控制、机器人足球比赛、协作物体搬运以及协作探索与地图创建等。多机器人系统比单机器人系统具有更强的优越性，主要表现在以下几个方面：

（1）相互协调的 n 个机器人的能力可以远大于一个单机器人能力的 n 倍，可以实现单机器人系统无法实现的复杂任务。

（2）设计和制造多个简单机器人比单个复杂机器人更容易、成本更低。

（3）使用多机器人系统可以大大节约时间，提高效率。

（4）多机器人系统的并行性和冗余性可以提高系统的柔性和鲁棒性。

（5）利用多机器人协作系统的优点，可采用多个仿生机器鱼组成多机器鱼协作系统，以完成单个机器鱼无法或者难以完成的复杂水下任务。例如，采用多个机器鱼可以组成水下移动传感器网络，进行长期的海洋环境监测；利用多机器鱼协作系统进行水下搜救，可以大大提高效率和找到目标的几率。另外，采用多个形似且神似的机器鱼混入鱼群，还能够对鱼类的集群行为进行人为地操纵与控制，为揭示和验证鱼类群体智能提供一种有效的技术手段。

鱼类生存在水中，经过长期的自然选择，进化出了性能完备的游动机能和器官。随着流体力学、材料学、传感技术和控制技术的不断融合发展，根据MAS理论开发具有不同性能的智能机器鱼，使机器鱼像鱼一样游动，使机器鱼群体像鱼群一样相互协调的愿望将逐渐变为现实。

1.5　多机器人系统研究

1.5.1　多水下机器人系统概述

多机器人系统研究的基本思路是建立在生物群体内部或相互之间协作的观察、研究基础之上的。因而，多机器人系统与生物群体之间的这种自然联系使得机器人技术与生物仿生技术的结合成为必然。因而，多水下机器人系统的研究大多是对多仿生机器鱼系统的设计和开发，将先进的鱼类仿生技术与多机器人技术紧密地结合到一起。

在自然界，单条鱼的力量比较弱小，但作为一个群体，鱼类在攫取食饵、逃避敌害、繁殖后代和集群洄游等方面表现出的力量几乎令人难以置信。比如，生物学家发现鱼群能够利用彼此之间产生的旋涡来提高游动效率。在集群洄游过程中，单条鱼的续航能力可增加2~6倍。对于鱼类的群体行为，人们试图从不同角度对其解释：生存需要（捕食），社会学行为，遗传因素，流体力学因素。在多水下机器人系统研究过程中，多机器鱼系统可描述为：多条机器鱼（主体）在一个实时、噪声以及对抗性的环境下，通过协作、配合完成一个共同的目标或复杂任务。显然，在研究过程中，面对某项复杂任务，多机器鱼之间如何协调好各自目标与整体目标，如何避免冲突和死锁，已成为实时决策的一个基本问题。

虽然多水下机器人系统是当前机器人技术的研究热点，但由于水下机器人的研制工作相对陆地机器人起步较晚，因此目前关于多水下机器人协作系统问题的研究结果还很少。

在国际上，在美国国家科学基金会的资助下，从 2000 年开始普林斯顿大学动力学控制系统实验室针对鱼类的群体行为对多个水下滑翔器（Underwater Glider)（如图 1. 10 所示）协调运动的动力学开展了研究，试图建立一个自主的、协调的多水下滑翔器系统以实现对 Monterey 海湾附近生态系统的监测。目前，该研究小组已经搭建了一个实现深度伺服控制的采用遥控操作的多水下滑翔器系统——Princeton Grouper。水下滑翔器可以测量海洋温度、盐度和寒流上涌的情况与路线。与典型的静态海洋观察系统相比，水下机器人的活动能力可以让它们采集到海洋的动态特征，因为海洋本身也是一直在发生改变的。这种水下机器人的创造灵感来自于鱼群，该研究小组已经开发出一种让这些机器人自主地在一系列矩形范围内活动的算法。

图 1. 10　多个水下滑翔器（Underwater Glider）自适应采样系统

日本 Hokkaido 大学 Iijima 等科研人员建立了一个分布式自主游动（鳍划水推进）机器人系统，并利用改进的 Q 学习算法对该系统进行了避障研究，实现了多机器人的目标趋近行为和避障行为。

国内的多水下机器人协作系统研究要比国际上晚一些，从 2001 年开始，中科院自动化所和北航机器人所联合开展了多微小型仿生机器鱼群体协作与控制的研究，初步建立了多仿生机器鱼协作平台。之后，北京大学智能控制实验室在微小型仿生机器鱼的研究基础上建立了一套较完善的多水下机器人协作系统，开展了多水下机器人控制体系结构、协调协作策略和算法等方面的研究，成功实现了协作队形及协作推盘（如图 1. 11 所示），水球比赛及协作推箱（如图 1. 12 所示）等具有代表性的协作任务。2007 年，北京大学以该平台为基础，推出了水球比赛，之后成功地将水球比赛推广为 RoboCup 中国公开赛的标准比赛项目，为水下机器人协作提供了一个标准的平台。

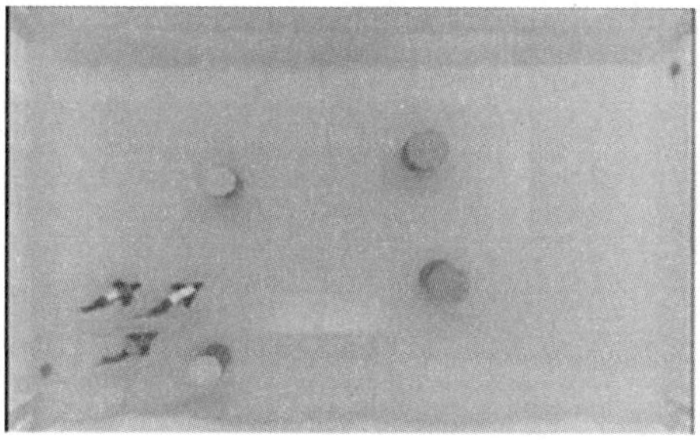
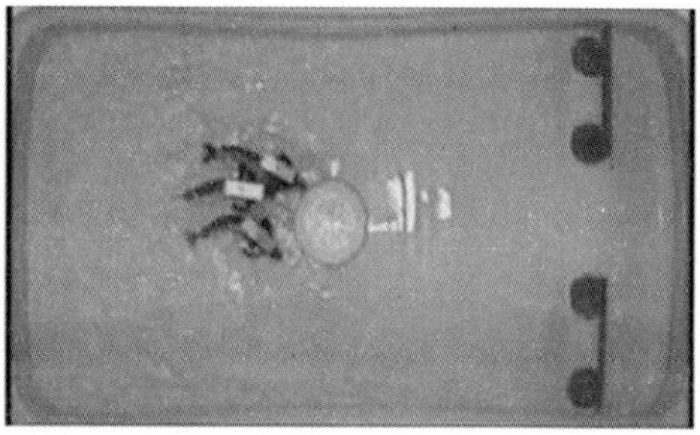

图 1. 11　多机器鱼协作队形（左）及协作推盘（右）图

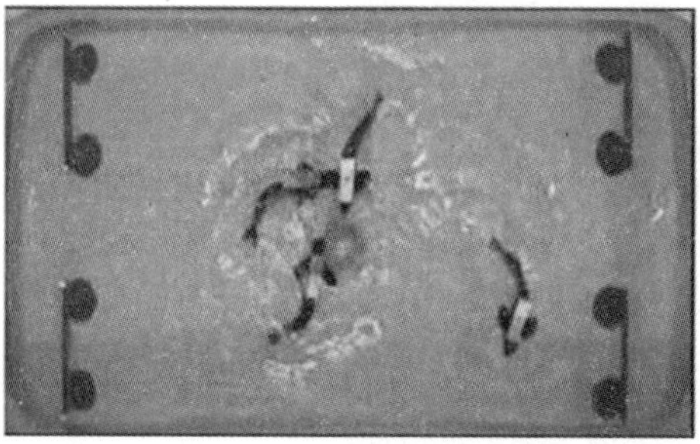
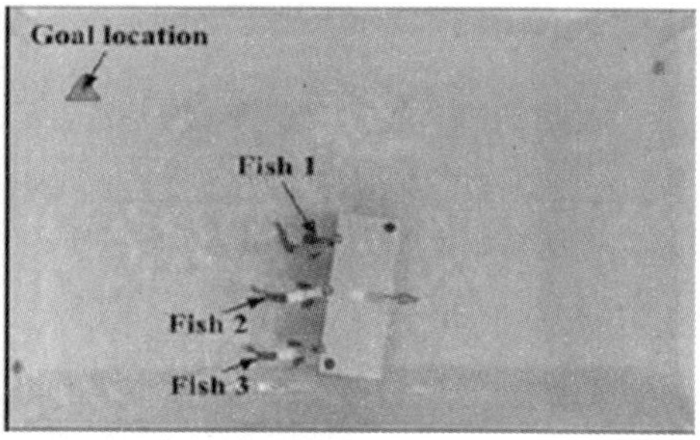

图 1. 12　多机器鱼水球比赛（左）及协作推箱（右）图

1. 5. 2　多机器人系统研究现状

从 20 世纪 80 年代中期开始，分布式人工智能和复杂系统的研究工作逐渐深入开展，多机器人系统研究迅速发展。在研究过程中，学者将分布式人工智能、复杂系统、社会学、管理学等其他研究领域的理论及方法引入多机器人学的研究中，探讨机器人群体乃至机器人社会的各种组织方式、信息交互方式、进化机制等基本问题，为机器人发展提供了新的途径。

具有代表性的多机器人系统如下所述。

1. 群智能机器人系统

群智能机器人系统是由许多无差别的自治机器人组成的分布式系统，它主要研究如何使能力有限的个体机器人通过交互产生群体智能。在国际上具有影响力的有加拿大 Alberta 大学开发的 Collective Robotics 实验系统（如图 1. 13 所示）、美国 USC 大学开发的 the Nerd Herd 实验系统（如图 1. 14 所示）。

图 1. 13　Collective Robotics 实验系统图

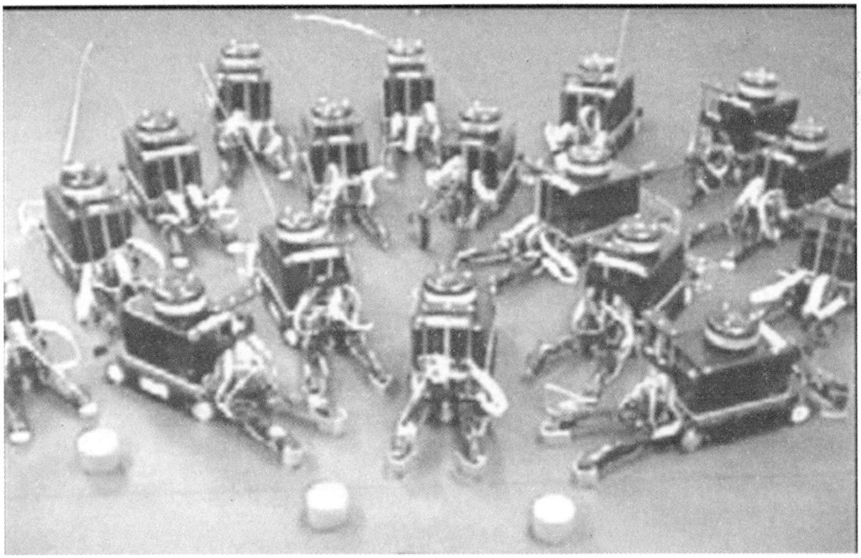

图 1. 14　the Nerd Herd 实验系统图

2. 自重构机器人系统

自重构机器人系统（Self-Reconfigurable Robotic Systems，SRRS）以一些具有不同功能的标准模块为组件，根据目标任务的需要，对这些模块进行相应的组合，进而形成具有不同功能的系统。其中 CEBOT（Cellular Robotic System）系统（如图 1.15 所示）是日本名古屋大学 T. Fukuda 教授在生物细胞结构的启发下研究而成的。CEBOT 系统将系统中众多相同或不同功能的机器人视为细胞元，这些细胞元可以移动、寻找和组合。根据任务或环境的变化，这些细胞元机器人可以自组织成器官化机器人，多个器官化机器人可以进一步自组织成功能更加复杂的机器人系统。

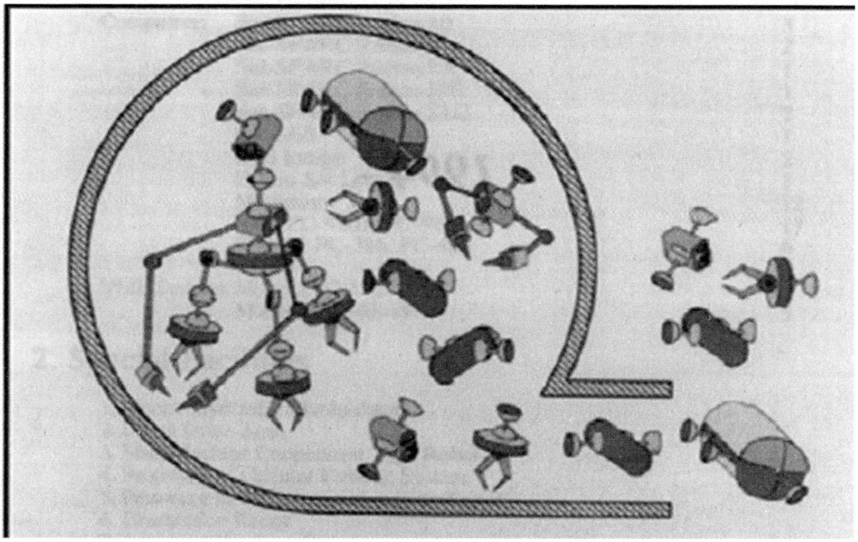

图 1.15　CEBOT 系统示意图

3. 协作机器人系统

协作机器人系统是由多个具有一定智能的自治机器人组成，机器人之间通过通信实现相互间的协作以完成复杂的任务。美国像树岭国家实验室的 Lynne E. Parker 及其研究小组在协作机器人学方面作了许多工作，并建立了实验平台进行理论的验证，CESAR Emperor 和 CESAR Nomads 机器人系统见图 1.16 所示。多机器人协作装配系统（Multi-Robot Cooperative Assembly System，MRCAS）是由中科院沈阳自动化研究所研制而成的，对多机器人协作系统的实际应用具有参考价值。

(a)

(b)

图 1.16　CESAR 实验系统图

(a) CESAR Emperor; (b) CESAR Nomads

4. 机器人足球赛

机器人足球赛（Robot Soccer）中不同球队的机器人之间的关系是对抗的、竞争的，同队的机器人之间则是合作的、互助的。其中比较著名的有韩国 Jong - Hwan Kim 教授发起并举行的微型机器人足球赛 MiroSot 和日本的机器人世界足球锦标赛 RoboCup，如图 1.17 所示。

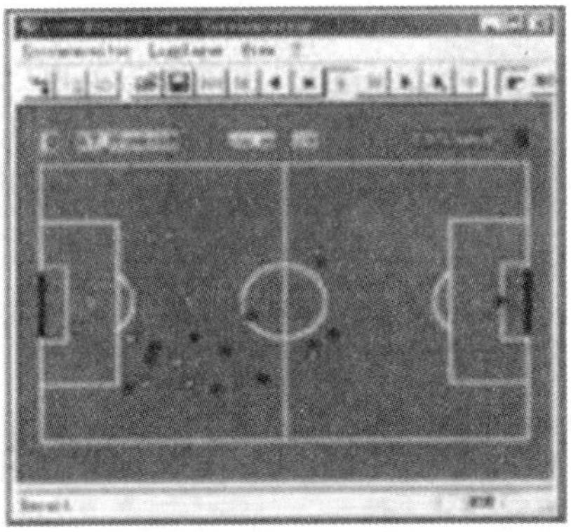

(a)

(b)

图 1.17　足球机器人系统

(a) 仿真机器人足球赛；(b) 实体机器人足球赛

1.5.3 多机器人系统研究中的主要问题

多机器人系统作为一种人工系统，实际上是对自然界和人类社会中群体系统的一种模拟。多机器人协作与控制研究的基本思路就是将多机器人系统看作一个群体或一个社会，从组织和系统的角度研究多个机器人之间的协作机制，从而充分发挥多机器人系统各种内在的优势。

与单个机器人相比，多机器人系统具有以下优点。

（1）更广的应用范围

单个机器人不能完成某些任务，必须依靠多个机器人才能完成，如执行战术使命、足球比赛等，必须要由一个机器人团队来完成而非单个机器人。

（2）更高的工作效率

对于可以分解的任务来说，多个机器人可以分别在不同的地点和不同的时间并行地完成不同的子任务，这比单个机器人完成所有的子任务要快得多。例如，对未知的区域建立地图、对某区域进行探雷等。

（3）更有利于机器人设计

对于多机器人系统来说，可以将其中的成员设计成完成某项任务的“专家”，而不是设计成完成所有任务的“通才”，使得机器人的设计有更大的灵活性，拥有更加完善的单项任务能力。

（4）更高的任务精确性

如果成员之间可以交换信息，多机器人系统可以更有效和更精确地进行定位。这对于野外作业的机器人尤其重要。

（5）更好的鲁棒性和稳定性

多机器人系统中的成员相互协作可以增加冗余度，消除失效点，增加解决方案的鲁棒性。例如，装有摄像机的多机器人系统要建立某动态区域的基于视觉的地图，那么某个机器人的失效不会对全局任务产生很大影响，因此这样的系统可靠性更强。

（6）更低的成本

同时建造若干个功能单一的机器人比建造一个具有很强大功能的机器人更加容易、灵活、经济，降低了设计和制造成本。

（7）解决问题具有更多的选择方案

多机器人系统与单个机器人相比，可以提供更多的解决方案，因此可以针对不同的具体情况，优化选择方案。

多机器人协作系统涉及多个技术领域，其中的关键技术包括以下几项。

（1）体系结构

体系结构决定了系统的整体运行效率。一般来讲，机器人协作系统的体系结构分为集中式和分散式两种。其中在分散式结构中，又分为分层式和分布式。

（2）感知

最主要的感知问题是定位和环境建模问题。通过机器人之间的配合提高定位和环境建模能力，将会增强多移动机器人系统的整体性能。

（3）规划

相对于体系机构，多机器人协作系统的规划可分为集中式规划和分布式规划。集中式规划基于全局信息，一般能找到全局最优解，但计算量较大，主要适用于静态环境，而并不适用于动态变化的环境。分布式规划中，每个机器人根据当前探测到的环境信息进行规划决策，能够对环境的变化作出灵活的反应，适用于动态的环境，但一般不能得到全局的最优解。

（4）协调与协作策略

多机器人系统的协调策略可借鉴多智能体理论中的思想。但系统在实现这些思想的过程中，需要选择合适的工具来描述各层次的系统行为。另外，由于机器人在任务执行过程中需要共享资源，所以经常会发生资源使用冲突或由此导致的死锁情况。因此，死锁检测和冲突消解仍是多机器人系统面临的一个重大难题。

（5）学习与演化

通过学习和演化，机器人系统能够优化系统的行为，从而展现出适应性、灵活性等智能特性。在机器人协作领域中，目前采用的主要学习方法为增强式学习和遗传规划等。总体来说，多机器人学习还停留在比较低的行为层次，其学习与演化的任务和环境也相对比较简单，当其面对更为复杂的任务和动态环境时，存在时滞评价和组合爆炸等问题，因此还有待寻找更为切实可行的学习方法。

（6）系统软件平台开发与实验研究

随着多移动机器人硬件系统的逐步完善，迫切需要研制具有高度开放性、通用性和可扩展性的系统软件平台。美国和欧洲各国近年来启动了多项针对多机器人协作系统软件开发的大型项目，其中最具代表性的是美国国防部 DARPA 主持的 SDR（Software for Distributed Robotics）和 MARS（Mobile Autonomous Robot Software）项目。这些项目支持了几十所实力强劲的大学和研究机构展开与多机器人系统相关的软件开发工作，大大推动了多机器人系统的研究进展。

尽管多机器人系统在性能上优于单体机器人，但是一个多机器人系统并不是多个机器人的简单组合和堆砌。如果多个机器人之间缺乏有机的组织和交互，不但不能达到预期的效果，还有可能造成机器人之间的冲突与对抗，导致系统性能的下降。从这个意义上讲，多机器人系统的研究也面临着诸多挑战，主要问题包括以下几方面。

（1）系统结构

系统结构包括控制结构、组织结构及系统建模分析。群体的体系结构是系统中机器人之间逻辑上和物理上的信息关系与控制关系，以及问题求解能力的分布模式。它是整个系统执行协调合作任务的基础，决定了系统的能力和局限性。在确定体系结构时首先要考虑行为选择方式、通信结构、同构还是异构，以及冲突解决等问题，再来决定是采用集中式、分散式还是混合式。

（2）组织与协调

当给定一个任务时，多机器人系统首先面临的问题是如何组织多个机器人去完成任务。这时要解决的问题是多机器人间怎样进行有效的合作，即采用何种系统体系结构的问题。而当经过某种机制确定了体系结构后，即各自任务与关系后，问题变为如何保持机器人间的运动协调一致，即多机器人协调。这涉及各机器人任务、规划、控制间的协调，多智能体理论的研究已为这些协调行为提供了思路与策略，但如何把这些抽象层次上的思想与策略结合到具体系统中加以实现，同时如何使这些实现具有普适性，还需要进一步的深入研究。

（3）冲突消解

冲突问题是多机器人系统控制的一个重要课题。冲突的形式是多种多样的，如任务冲突、路径冲突、空间冲突等。多机器人系统中的冲突容易造成系统的动态停顿和混乱，影响系统的性能。解决冲突除了要有合理的控制结构和通信方式外，也需要相应的解决策略。

（4）通信机制

个体之间的通信也是多机器人系统的一个重要研究问题，是研究多机器人系统的基础。多机器人之间通过必要的信息交流来进行同步或协调，如坐标确定、路径规划、防止死锁、避免碰撞等。

（5）学习能力

多机器人系统的学习是系统不断寻找或优化控制参数以适应外界环境变化的一种手段。多数研究者认为要使机器人系统具有更大的潜能，其控制系统应具有学习能力，但至今在协作学习领域的成果还较少。

思考与习题

1－1 简述机器人的发展史，并描述你所想象的未来机器人。

1－2 通过查阅资料，了解机器人的最新发展情况。

1－3 什么是仿生机器人？仿生机器人有何特点？

1－4 水下仿生机器人有哪些应用？简述水下仿生机器人特点。

1－5 机器鱼的研究目的是什么？其仿生学基础是什么？

1－6 什么是多机器人系统？多机器人系统研究中常见的问题有哪些？

参考文献

[1] 蒋新松，封锡盛. 水下机器人[M]. 沈阳：辽宁科学技术出版社，2000.

[2] 张铭钧. 水下机器人[M]. 北京：北京海洋出版社，2000.

[3] 彭学伦. 水下机器人的研究现状与发展趋势[J]. 机器人技术与应用，2004，4：43－47.

[4] Triantafyllou M S, Triantafyllou G S. An efficient swimming machine[J]. Scientific American, 1995, 272(3): 40－46.

[5] 童秉纲. 鱼类波状游动的推进机制[J]. 力学与实践，2000，22(3)：69－74.

[6] Sfakiotakis M, Lane D M, Davies J B C. Review of fish swimming modes for aquatic locomotion[J]. IEEE Journal of Oceanic Engineering, 1999, 24(2): 237－252.

[7] Gray J. Studies in animal locomotion VI[J]. Journal of Experimental Biology, 1936, 13(5): 192－199.

[8] 王龙，喻俊志，胡永辉，等. 机器海豚的机构设计与运动控制[J]. 北京大学

学报(自然科学版),2006,42(3):294-301.

[9] Zhao W,Hu Y,Wang L. Construction and CPG-based control of a flipper-actuated turtle-like underwater robot[J]. Advanced Robotics,2009,23(1):19-43.

[10] 胡永辉,王龙,周应波,等. 一种水陆两栖仿生机器人:中国,2008101181333[P].2008-08-12.

[11] Barrett D S,Triantafyllou M S,Yue D K P,et al. Drag reduction in fish-like locomotion[J]. Journal of Fluid Mechanics,1999,392: 183-212.

[12] Cao Y U,Fukunaga A,Kahng A. Cooperative mobile robotics: Antecedents and directions[J]. Autonomous Robots,1997,4(1):7-27.

[13] Farinelli A,Iocchi L,Nardi D. Multirobot systems: A classification focused on coordination[J]. IEEE Transactions on Systems,Man and Cybernetics,Part B: Cybernetics,2004,34(5):2015-2028.

[14] Chen Y,Wang Z. Formation control: A review and a new consideration[J]. In Proceedings of the IEEE/RSJ International Conference on Intelligent Robots and Systems,2005,8:3181-3186.

[15] Kitano H,Asada M,Kuniyoshi Y,et al. RoboCup: A challenge problem for AI and robotics[J]. Artificial Intelligence,1998,1395:1-19.

[16] Huntsberger T L,Trebi-Ollennu A,Aghazarian H,et al. Distributed control of multi-robot systems engaged in tightly coupled tasks[J]. Autonomous Robots,2004,17(1):79-92.

[17] Dieter F,Jonathan K,Kurt K,et al. Distributed multi-robot exploration and mapping[J].Proceedings of the IEEE,2006,94(7):1325-1339.

[18] 张芳,林良明. 多移动机器人协调系统体系结构与相关问题[J]. 机器人,2001,23(6):554-558.

[19] 日本机器人学会. 机器人技术手册[M]. 北京:科学出版社,2008.

[20] 郭宇光. 机器人发展的历史、现状、趋势[M]. 哈尔滨:哈尔滨工业大学出版社,1989.

[21] 胡永辉. 仿生机器鱼的设计与智能控制[D]. 北京:北京大学工学院,2009.

[22] 喻俊志. 多仿生机器鱼控制与协调研究[D]. 北京:北京大学工学院,2003.

[23] Willy A,LOW K H. Development and initial experiment of modular undulating

fin for untethered biorobotic AUVs [J]. In Proceedings of the IEEE International Conference on Robotics and Biomimetics, 2005, 6: 45 – 50.

[24] Tangorra J L, Davidson S N, Hunter I W, et al. The development of a biologically inspired propulsor for unmanned underwater vehicles [J]. IEEE Journal of Oceanic Engineering, 2007, 32(3): 533 – 550.

[25] Palmisano J, Ramamurti R, Lu K, et al. Design of a biomimetic controlled – curvature robotic pectoral fin [J]. In Proceedings of the IEEE International Conference on Robotics and Automation, 2007, 4: 966 – 973.

[26] Xu Y, Zong G, Bi S, et al. Initial development of a flapping propelled unmanned underwater vehicle (UUV) [J]. In Proceedings of the IEEE International Conference on Robotics and Biomimetics, 2007, 12: 524 – 529.

[27] Suzumori K, Endo S, Kanda T, et al. A bending pneumatic rubber actuator realizing soft – bodied manta swimming robot [J]. In Proceedings of the IEEE International Conference on Robotics and Automation, 2007, 4: 4975 – 4980.

[28] Théberge M, Dudek G. Gone Swimming [J]. IEEE Spectrum, 2006, 6: 38 – 43.

[29] Licht S, Polidoro V, Flores M, et al. Design and projected performance of a flapping foil AUV [J]. IEEE Journal of Oceanic Engineering, 2004, 29(3): 786 – 794.

[30] Long Jr J H, Schumacher J, Livingston N, et al. Tetrapodal swimming with an aquatic robot [J]. Bioinspiration & Biomimetics, 2006, 1: 20 – 29.

[31] 王龙, 喻俊志, 胡永辉, 等. 机器海豚的机构设计与运动控制[J]. 北京大学学报(自然科学版), 2006, 42(3): 294 – 301.

[32] Zhao W, Hu Y, Wang L. Construction and CPG – based control of a flipper – actuated turtle – like underwater robot [J]. Advanced Robotics, 2009, 23(1): 19 – 43.

第 2 章　机器鱼的仿生学基础

2.1　引　　言

鱼类游动推进模式的研究是机器鱼运动学建模、控制系统设计以及结构设计的基础。由于鱼类在水中的运动涉及流体环境的水动力学和鱼体的运动学，在现有水动力学分析的基础上还无法建立起鱼类游动的复杂水动力学模型，因此很难通过解析的方法建立精确的数学模型。鱼类行为学家的研究表明，鱼类的推进运动中隐含着由鱼体后颈部向尾部传播的行波。受此启发，人们尝试从运动学的角度来研究鱼类的推进，以避免复杂的水动力学分析。

在所有鱼类中，鲹科鱼类以极高的运动速度和推进效率而备受研究者的青睐，同时也是大多数人工机器鱼系统的模仿对象。鲹科鱼类推进模式属 BCF 模式中的波动类，其运动特征是：游动时身体主干部分（前 2/3 身体部分）的波幅很小，明显的波动主要集中在身体的后 1/3 处，前向的推力主要由刚性的尾鳍产生。对于鲹科鱼类的推进机理，国外学者很早就致力于这方面的研究。

Taylor（1952）基于定常流理论来计算鱼游动过程中所产生的流体力，这是早期的抗力模型。随后的运动学模型逐渐接近实际的鱼形运动。Lighthill（1960）首次基于“小振幅位势理论”建立并分析了鲹科鱼类推进模式的数学模型。Wu（1961）通过潜流理论和线性化边界条件提出了“二维波动板理论”，该理论将鱼视为一薄板，用于分析鲹科鱼类的水动力学特性。Lighthill（1970，1971）将“细长体理论”用于鲹科鱼类的水动力学分析，并考虑了尾鳍任意摆幅的情况，由此提出了“大摆幅细长体理论”。Chopra（1977）提出了一种可用于大摆幅、月牙形尾鳍推进的“二维抗力理论”，该理论是对 Hancock（1953）提出的“大摆幅抗力理论”与 Lighthill（1971）提出的“大摆幅细长体理论”的补充。考虑到鱼类游动的生物力学特性和结构的动态特点，Videleretal（1984）针对与身体长度相比其侧向振幅很小的鱼类提出了

"薄体理论"；假定鱼沿纵向弯曲刚度为常量，Cheng（1994）提出了"波动平板理论"和"动态梁理论"（1998）。Triantfyllou（1995，1996）研究发现：在自行驱动的鱼类身体后部有射流形成，这些喷射的涡流在产生推力方面起着重要的作用。

这些推进理论的研究为仿生机器鱼的实现提供了理论基础，但如何使鱼类推进理论和机器鱼运动控制结合起来还有大量的工作需要做。

2.2 鱼类游动的物理原理

鱼类属于脊椎动物种群，其身体由多根脊椎骨相互连接而成，采用尾鳍推进的鱼类在游动时主要通过脊椎曲线的波动来产生推进力。因此，大多数鱼类特别是鲹科鱼类的推进机构可分为两部分：柔性身体和摆动的尾鳍。其中，柔性身体可看作是由一系列的铰链连接而成的摆动链，尾鳍可视为摆动的水翼，其示意图如图 2.1 所示。

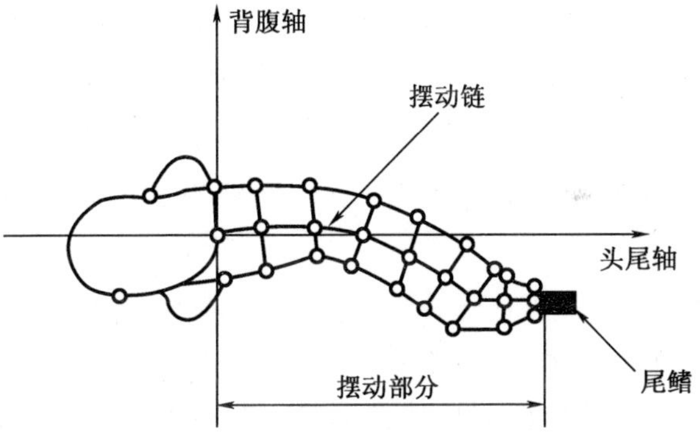

图 2.1　鲹科鱼类游动的物理模型

当前对鱼类的仿生集中于运动仿生，即模仿鱼类的快速、高效、灵活的运动机制。在构建仿生机构之前，有必要对鱼类的运动机构进行简化，结合鱼体几何特征和游动特征定性地提取形体参数和运动参数。在此基础上，建立相关的数学模型。

鱼类与游动特征相关的形体参数主要有：

（1）摆动部分长度占身体总长的比例（R_l）

根据 R_l 的不同取值，可将鱼类分为鳗鲡科、鲹科、亚鲹科、鲔形科等。一般来说，随着 R_l 的减小，鱼类的游动效率和游动速度增加，但机动性能降低。

（2）摆动部位的简化关节数 N

摆动关节数 N 越多，鱼体的柔性越大，其游动灵活性越高，但其游动效率越低。随着 R_l 的减小，N 随之减小，其身体的刚性增加，游动效率增加，身体灵活性降低。考虑到机电系统的结构和尺寸约束，以及在多关节串联情况下容易出现的大误差累积，N 也并非越大越好。设计过程中需要考虑机器鱼的总体尺寸、所要求的性能以及机电系统的精度等因素。

（3）摆动部分各个关节之间的长度比 $l_1: l_2: \cdots: l_N$

在关节长度 l_i（$i=1, 2, \cdots, N$）相对短的部位，关节密集度较高，此处柔性比较大，可以产生较大角度的摆动。多数鱼类沿着头尾轴的方向其关节长度比例越来越小，其摆动幅度由前向后却逐渐增加，在尾柄处达到最大。

（4）尾鳍形状

尾鳍的形状与身体的游动特征密切相关。一般来说，当 R_l 较大时，主要由身体波产生推进力，尾鳍的形状主要用来调节机动性能，因此，尾鳍柔性较高，多为半圆形或梯形。R_l 越小，尾鳍在摆动时产生的推进力越大，同时其尾鳍的刚性越大。凡游动速度快而又作长距离洄游的鱼类，尾鳍多呈新月形或叉形，且尾柄狭细而有力，如金枪鱼、鲐鱼、鲅鱼等。

从生物力学角度来分析，大多数鱼类采用波状摆动推进，即在动态游动过程中，通过身体的波动，把水对鱼身体的反作用力转换为前向推进力和侧向分力，整个身体波所产生的侧向分力相互消减，从而推动身体向前运动。同时充分利用水流的作用，对产生的涡流进行能量回收，以提高游动效率，在这个意义上，身体波动的形式决定了鱼的游动性能和游动效率。

决定鱼体波的特征参数有：

（1）鱼体波曲线方程 $y_{body}(x, t) = f(x, t)$

鱼体波曲线方程主要表征鱼体中心线（脊柱）的瞬时运动，决定了鱼类的运动形式。

（2）身体各个部分的关节摆动幅度 y_{body}

在实际中，鱼在启动、加速和转弯时大幅度高频摆尾，以期获得高推力；

而在洄游时小幅度、低频摆尾，以期获得高效率。对鲹科鱼类来说，尾鳍摆动轴的平动幅值 y_{body} 一般不应超过 0. 1 倍体长（Body Length，BL）。

（3）尾鳍的最大击水角

击水角是影响推进力和游动效率的一个重要参数。击水角太小，产生的向前推进分力就小；击水角太大，尾鳍与水流间产生的反作用力与游动方向几乎垂直，在游动方向上产生的分力接近零或产生阻力。Barrett（1999）指出，在摆动翼推进中要获得较高的推进效率必须满足以下条件。

①尾鳍处在摆动运动状态时，相位角比平动运动状态时超前 70° ~ 110°。

②最大击水角 α_{max} 满足 $14° < \alpha_{max} < 25°$。

2. 3　鱼类游动的运动学模型

鱼类行为研究学者指出，鱼类的推进运动中隐含着由鱼体后颈部向尾部传播的行波，该推进波主要表现为脊柱和肌肉组织的弯曲，其幅度由前向后逐渐增加，其传播速度大于鱼体的前进速度。鲹科鱼类的鱼体波曲线可看作是鱼体波幅包络线和正弦曲线的合成，它开始于鱼体的惯性力的中心，延伸至尾柄，其曲线方程可表示为

$$y_{body}(x,t) = (c_1 x + c_2 x^2)\sin(kx + \omega t) \tag{2. 1}$$

式中，y_{body} 是鱼体的横向位移（背腹轴）；x 是鱼体的轴向位移（头尾轴）；k 是波长倍数（$k = 2\pi/\lambda$，λ 是鱼体波的波长）；c_1 是鱼体波波幅包络线的一次项系数；c_2 是鱼体波波幅包络线的二次项系数；ω 是鱼体波频率（$\omega = 2\pi f = 2\pi/T$）。

一旦给出鱼体波曲线方程，对机器鱼设计而言，其剩下的任务就是为机器鱼的运动选择合适的鱼体波参数集（c_1，c_2，k，ω）。不同种类、外形和尺寸的鱼具有不同的运动学参数集，因此优化机器鱼的游动效率和控制性能是一项艰巨的任务。

2. 3. 1　鱼类运动学模型的简化

由于计算机控制是一种数字量控制，考虑将鱼体波曲线离散化，把时间参数 t 从鱼体波运动函数 y_{body}（x，t）中分离出来。也就是说，将不断传播的鱼体波分解成两部分：一个摆动周期内，与时间无关的样条曲线序列 y_{body}（x，

i)，($i=0, 1, \cdots, M-1$)；与时间相关的摆动频率 f，即单位时间内摆动机构完成体波运动的次数。

$$y_{\mathrm{body}}(x,i) = (c_1 x + c_2 x^2)\sin\left(kx \pm \frac{2\pi}{M}i\right) \tag{2.2}$$

式中，i 表示一个摆动周期内的样条曲线序列的第 i 个变量；M 表示鱼体波分辨率，即在一个摆动周期内整个鱼体波被离散的程度，其上限不能超过驱动机构的最高摆动频率。在一个完整的摆动周期内，“+”号和“-”号所起的作用相同，只是由于初值的不同而导致起始运动方向不同。如没有特别说明，本书仅讨论“-”号的情况。

考虑到鱼体可视为一个摆动链，在物理实现中，可将其建模为主轴平面内一摆动的连杆机构，而连杆机构在运动过程中的相对位置可通过拟合鱼体波曲线来计算。在鱼体波曲线拟合之前，我们定义鱼体波相对波长 R（$0<R\leqslant 1$）为鱼体摆动部分展示的波长与一个完整正弦波所展示波长的比值。粗略地说，如果认为 $k=1$ 时，整个鱼体展示了一个完整的推进波，那么 R 可以视为鱼体摆动部分的长度占整个鱼体长度的比值（R_l）。当 R 接近 0 时，鱼体的摆动部分可视为一个刚性棒，很难产生推进力；当 R 接近 1 时，鱼体摆动部分复现的是一个完整的正弦波。对于鲹科鱼类来说，R 的取值在 1/3 左右。为了扩展鱼体运动的机动性以及便于鱼形机构的实现，在实际中，R 的值可稍大一些，如取 0.5。

如前所述，当 $k=1$ 时，整个推进波的无量纲波长为 2π，则在 R 值摆动部分对应的波长为 $2\pi R$，如图 2.2 所示。假设鱼体在摆动平面的运动用一系列（N 个）串联的杆系机构来模拟，其尾鳍加载到最后一个关节，则在$[0,2\pi R]$内的鱼体波运动可用 N 根串联的杆来拟合。设每根杆的长度分别为 $l_1,l_2,\cdots,l_N$，其对应的关节角分别为 $\phi_1,\phi_2,\cdots,\phi_N$，对应的端点坐标分别为$(x_0,y_0)$，$(x_1,y_1)$，$\cdots$，$(x_N,y_N)$。为了保持杆长无量纲性，考虑归一化杆长，即采用长度比来表示，不妨设 $l_1:l_2:\cdots:l_N=l'_1:l'_2:\cdots:l'_N$。一旦选定鱼体波波幅包络线系数（$c_1$，$c_2$）和体波数 k（$k=1$），某一时刻的鱼体波形状就大体上确定了。从数学意义上来说，对于一个摆动周期内第 i 时刻，第 $j-1$ 根杆与第 j 根杆的夹角为 $\phi_{i,j}$ 可通过拟合鱼体波曲线来计算。所要解决的问题是在 0 到 $2\pi R$ 的轴向区间内寻找合适的关节角 $\phi_{i,j}$，使 l_j 在鱼体波曲线上首尾相接，并且最后一根杆末端点的横坐标刚好落在 $2\pi R$ 处，即满足下列条件

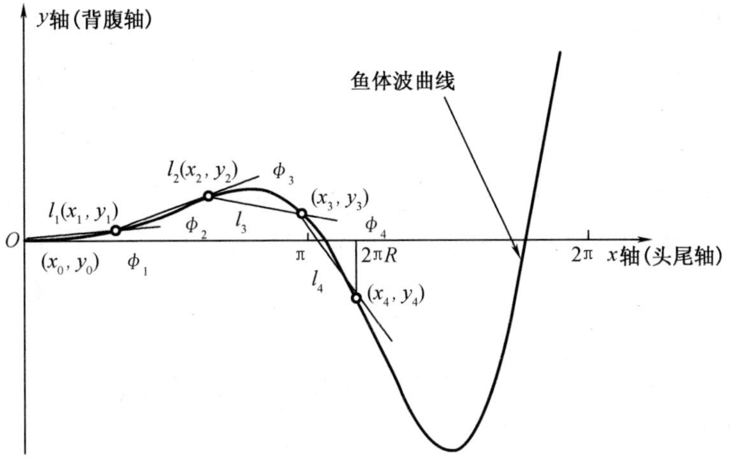

图 2.2　基于杆系结构的鱼体波曲线拟合

$$\begin{cases}(x_{i,j} - x_{i,j-1})^2 + (y_{i,j} - y_{i,j-1})^2 = l_j^2 \\ y_{i,j} = (c_1 x_{i,j} + c_2 x_{i,j}^2)\sin\left(k x_{i,j} - \dfrac{2\pi}{M}i\right)\end{cases} \tag{2.3}$$

式中，（$x_{i,j}$，$y_{i,j}$）为一个摆动周期内第 i 时刻第 j 根杆的端点坐标，$x_{i,0}=0$，$x_{i,N}=2\pi R$，$1 \leqslant j \leqslant N$，$1 \leqslant i \leqslant M-1$。

对于方程组来说，由于包含 $x_{i,j}$ 的平方项，且 l_j 未知，当 N 增大时，很难通过解析的方法计算方程组的精确解（$x_{i,j}$，$y_{i,j}$）。况且实际运算中总会引入舍入误差，即使采用精确法求得的解也只能是近似解。在这种情况下，我们采用迭代算法，即通过选取某种初值，用同样的计算步骤，反复计算，求得方程组的近似解。其具体步骤如下。

（1）迭代逼近杆长系数 m

对等式 $(x_{i,j}-x_{i,j-1})^2+(y_{i,j}-y_{i,j-1})^2=l_j^2$ 进行移项，构造误差函数 $f(x_{i,j-1}, y_{i,j-1}, x_{i,j}, y_{i,j}, m) = (x_{i,j}-x_{i,j-1})^2+(y_{i,j}-y_{i,j-1})^2-(ml'_j)^2$（这里 m 为杆长系数），选择 m 的初值（$m=0.0$），从 $j=1$，$i=0$ 开始迭代计算，直到满足 $f(x_{i,j-1}, y_{i,j-1}, x_{i,j}, y_{i,j}, m) < L_{\text{Error}}$（$L_{\text{Error}}$ 为设定的杆长误差），接着 $j=j+1$，转入下一根杆的迭代计算，直到计算第 N 根杆，判别 x_N 是否等于 $2\pi R$，即计算 $|x_N-2\pi R| < X_{\text{Error}}$ 是否成立。如果该绝对误差表达式成立，此时 m 值即为所求的杆长系数，循环结束。否则 $m=m+STEP$（$STEP$ 为迭代步长，这里取 $STEP=0.01$），转入

下一趟循环，进行从第 1 根杆到第 N 根杆的迭代计算，直到满足循环结束条件 $|x_N - 2\pi R| < X_{\text{Error}}$ 为止。

（2）计算关节坐标对 $(x_{i,j}, y_{i,j})$

记录循环结束时的杆长系数 m，由于 $l_j = ml'_j$，将 l_j 的近似值回代方程组，解方程组，依次可求出坐标对 $(x_{0,1}, y_{0,1})$，$(x_{0,2}, y_{0,2})$，…，$(x_{0,N}, y_{0,N})$。$i = i + 1$，转入下一时刻 $(i+1)$ 的坐标对 $(x_{1,1}, y_{1,1})$，$(x_{1,2}, y_{1,2})$，…，$(x_{1,N}, y_{1,N})$ 的求解。反复计算，直到计算出 $i = M - 1$ 时刻的坐标对 $(x_{M-1,1}, y_{M-1,1})$，$(x_{M-1,2}, y_{M-1,2})$，…，$(x_{M-1,N}, y_{M-1,N})$。

（3）计算杆（l_j）与鱼体主轴（x 轴）的夹角 $\gamma_{i,j}$

根据上一步中求出的摆动周期内任意时刻 i、第 j 根杆的端点坐标 $(x_{i,j}, y_{i,j})$，利用下式可求出该杆 (l_j) 与鱼体主轴（x 轴）的夹角 $\gamma_{i,j}$，即

$$\gamma_{i,j} = \arctan2((x_{i,j} - x_{i,j-1}), (y_{i,j} - y_{i,j-1})) \times 180°/\pi \tag{2.4}$$

（4）计算二维关节摆动数组 *OscData*［*M*］［*N*］

利用上一步求出的杆与鱼体纵轴的夹角 $\gamma_{i,j}$，可求出摆动周期内任意时刻 i、第 $j-1$ 根杆与第 j 根杆的夹角 $\phi_{i,j}$，即

$$\phi_{i,j} = \gamma_{i,j} - \gamma_{i,j-1} \tag{2.5}$$

式中，假定 $\gamma_{i,0} = 0$，进而可以得到一个 $M \times N$ 的二维关节摆动数组 *OscData*［*M*］［*N*］，即

$$OscData[M][N] = \begin{pmatrix} \phi_{0,1} & \phi_{0,2} & \cdots & \phi_{0,N} \\ \phi_{1,1} & \phi_{1,2} & \cdots & \phi_{1,N} \\ \vdots & \vdots & & \vdots \\ \phi_{M-1,1} & \phi_{M-1,2} & \cdots & \phi_{M-1,N} \end{pmatrix} \tag{2.6}$$

我们进一步假定鱼类游动的方向控制主要依靠内在形状的改变，即关节角 ϕ_j（$1 \leqslant j \leqslant N$）的改变，其速度的控制依靠摆动频率 f 的改变。则利用式（2.6）得出的二维关节摆动数组作为鱼的游动数据，通过叠加不同的关节偏移，可以调整其游动过程中摆动部分的扭曲形状，进而利用附加质量效应的反作用力来调整运动方向，实现不同的方向控制。在实际中我们对前 N 个关节分别叠加不同的关节偏移 $\Delta\phi_n$（$n = 1, 2, 3, \cdots, N$）来得到转弯时的关节摆动数据 *OscData*［*M*］［*N*］，即

$$OscData[M][N] = \begin{pmatrix} \phi_{0,1} + \Delta\phi_1 & \phi_{0,2} + \Delta\phi_2 & \cdots & \phi_{0,N} \\ \phi_{1,1} + \Delta\phi_1 & \phi_{1,2} + \Delta\phi_2 & \cdots & \phi_{1,N} \\ \vdots & \vdots & & \vdots \\ \phi_{M-1,1} + \Delta\phi_1 & \phi_{M-1,2} + \Delta\phi_2 & \cdots & \phi_{M-1,N} \end{pmatrix} \tag{2.7}$$

同时，在游动过程中，通过改变摆动频率 f 可以改变鱼在水中的推力，进而实现不同的速度控制。

虽然在自然界中，大多数鱼类采用改变频率和幅度的方法来实现速度调节，但目前仅靠频率进行速度控制。其主要原因有：

①鱼类的运动可视为通过速度（Velocity）的调节来实现，将速度分解为速率（Speed）和方向（Orientation），有利于在实际中分别针对速率和方向采用不同的控制方法。

②仅使频率和速率相关，易于实现。实际中，我们尝试同时改变频率和幅度来改变速度，但在高频时摆动幅度的瞬时增大易导致伺服电动机受损，而采用固定摆幅可以提高驱动机构的使用寿命。

③采用速率和方向分离的控制方法能使机器鱼较好地模仿鱼类的游动。

因此，可以认为，在采用伺服电动机作为关节驱动器的机器鱼设计中，这种速率和方向分离的控制方法是可行的，但要更加灵活、逼真地模仿鱼类的游动，必须引入新的驱动方式和控制方式。

由于从上面得出的关节摆动数组和摆动频率都与鱼体的外形和尺寸无关，故仅依靠参数集 $\{\phi_{i,1}, \phi_{i,2}, \cdots, \phi_{i,N}, f\}$ 就可以实现机器鱼的游动控制。

2.3.2 鱼体波曲线方程的改进

为了更好地表示鱼体波动的参数，提高波动方程的表示范围及曲线的柔性，在保留式（2.1）的特征参数的同时，增加波长倍数 k 相对于 x 的二次增益，修改后的表达式为

$$y_{\text{body}}(x,t) = (c_1x + c_2x^2)[\sin(k_1 + k_2x)x + \omega t] \tag{2.8}$$

通过调整 k_1 和 k_2 的值，可以根据 x 的变化得到更多的曲线方程，从而可以实现更多的身体波曲线。同时，在机器鱼的设计过程中可通过微调身体波参数来增加运动的机动性和灵活性。数值仿真结果表明，波长倍数二次增益 k_2

的增加，有助于提高方向控制，特别是转弯过程中的灵活性。

2.3.3 机器鱼的结构参数优化

在基于杆系结构的鱼体波拟合过程中，我们只能保证每一摆动时刻每一连杆的端点落在理论曲线上。在实际的机器鱼设计中，由于关节数目有限，整个鱼体的运动比较生硬，不能产生平滑的过渡，这使得在游动过程中产生多余的水动力学阻力，降低了机器鱼的游动效率。为此，需要在机器鱼的骨架外侧安装弹性鱼皮，以增加鱼身体的柔性，使关节间的摆动角度在弹性鱼皮上实现连续的过渡。但经过这次过渡，实际中心线和理论中心线之间产生了偏离，如图 2.3 所示。当偏差较大时，机器鱼实际的游动将体现不出理想鱼体波曲线在水动力学上的优越性。同时，由于机器鱼是由机电系统组成的多关节串联连接体，在对鱼体波拟合的过程中并没有考虑机电系统在具体实现中的各种限制，因此必须根据机电系统的约束对机器鱼的设计参数进行优化。即根据机电系统的最小实现尺寸优化机器鱼的关节比例 $l_1:l_2:\cdots:l_N$，进而根据驱动电动机的摆动角度范围限制来调节机器鱼身体波的波形参数（c_1，c_2，k_1，k_2）。

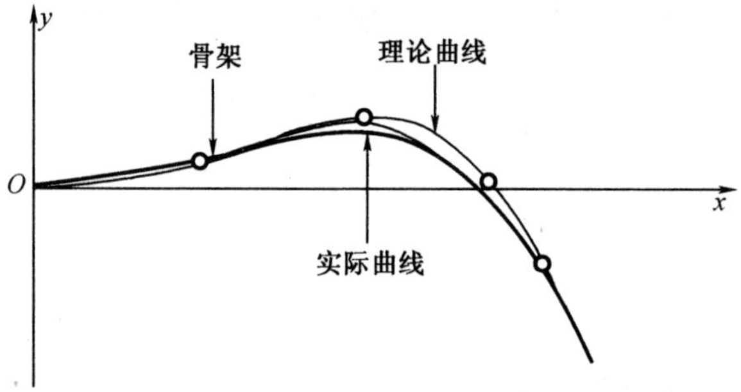

图 2.3 机器鱼体波理论曲线与近似实际中心线

为了最大限度地体现理想鱼体波曲线的水动力学优越性，使实际中心线与理论中心线之间的误差尽可能的小，需要对机器鱼多个关节的机构尺寸进行参数优化。优化目标为

$$\min f(\boldsymbol{X}) = \sum_{i=0}^{M} S_i$$

式中，$\boldsymbol{X}=[l_1:l_2:\cdots:l_N]^{\mathrm{T}}$；$S_i$ 为理论曲线与实际曲线所形成的包络区域的面积；

M 为鱼体波分辨率。

设计约束如下。

（1）等式约束

$h_\nu(x)=C$，$\nu=1$，保证所有的关节长度总和为一常数 C。

（2）不等式约束

$g_\mu(X)\leqslant C$，$\mu=1,2,\cdots,N$,保证每关节的长度 l_i 大于等于关节驱动电动机所要求的最小关节尺寸 $l_{i\min}$，N 为关节数。

根据本问题的约束情况，存在等式约束与不等式约束，我们选择混合惩罚函数法来进行参数优化。惩罚函数为

$$\Phi(X,r^{(k)})=f(X)+r^{(k)}\{\sum_{\mu=1}^{N}[\max(0,g_\mu(X))]^2+[h_\nu(x)]^2\} \quad (2.9)$$

式中，$r^{(k)}$为惩罚因子，是一个递增序列。

惩罚函数法通过构造惩罚函数 $\Phi(X,r^{(k)})$ 将有约束优化问题转换为无约束优化问题，采用坐标轮换等方法实现对无约束优化问题的求解，实现对有约束问题的参数优化。

通过对关节结构尺寸的优化，可得到参照鱼体波曲线方程 $y_{\text{body}}(x,t)$ 进行游动的仿生机器鱼相对较优的一组结构尺寸参数。根据优化后的关节比例 $l_1:l_2:\cdots:l_N$进行鱼体波拟合计算，进而可决定机器鱼的控制参数集$\{\phi_{i,1},\phi_{i,2},\cdots,\phi_{i,N},f\}$,实现机器鱼的优化设计。

思考与习题

2-1　简述鱼类游动原理。

2-2　鱼类运动学模型简化用了哪些方法?

2-3　针对机器鱼结构参数，如何设计合理的参数?

参考文献

[1] 喻俊志. 多仿生机器鱼控制与协调研究[D]. 北京:北京大学工学院,2003.

[2] 方奕敏. 仿生机器鱼的优化与协作控制研究[D]. 北京:北京大学工学院,2007.

第 3 章　仿生机器鱼机械结构

基于前面提出的关于仿生机器鱼的设计原理和方法，我们制作了一款三关节、无线通信的小型仿生机器鱼。图 3.1 给出了仿生机器鱼机械结构示意图，图 3.2 给出了仿生机器鱼实体图。通过机器鱼的两个总体结构图，我们把机器鱼总体结构大致分为鱼头、鱼体、鱼尾和鱼皮四个部分。下面依次介绍各个部分的机械结构。

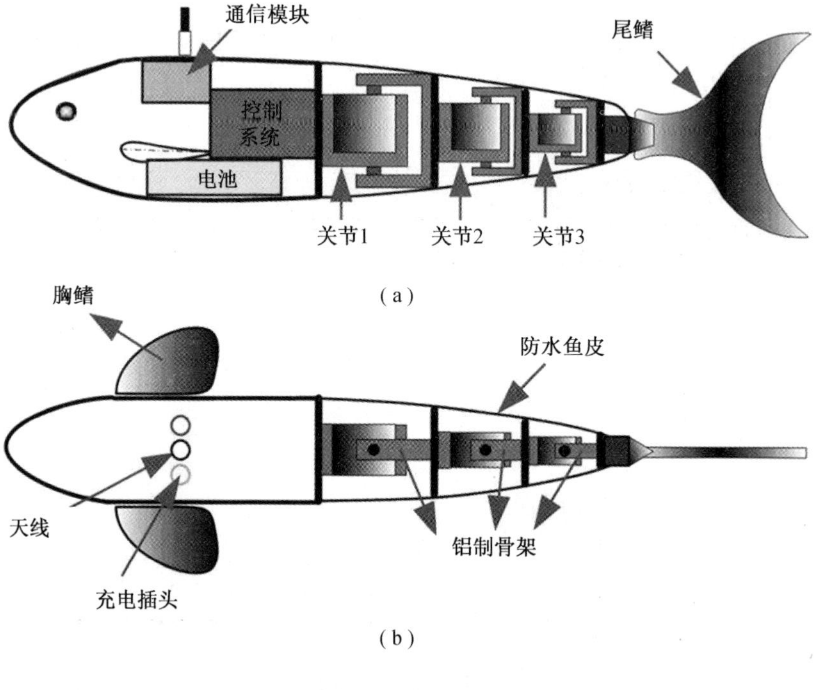

图 3.1　仿生机器鱼机械结构示意图

(a) 侧视图；(b) 俯视图

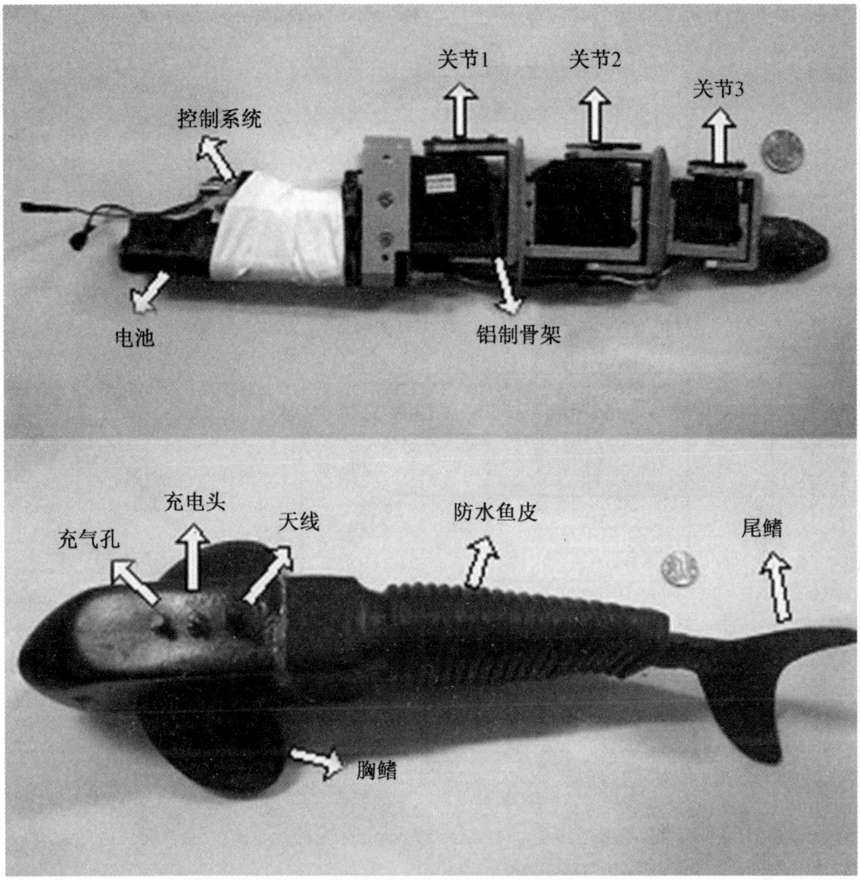

图 3.2 仿生机器鱼实体图

3.1 鱼头设计

鱼头由玻璃钢制成，设计成内空的流线型，其零件图如图 3.3 所示，其工程设计图如图 3.4 所示。其鱼头总长为 165 mm，可分为两部分。前部分为长 65 mm的近似圆锥形，主要是为了减少机器鱼在水中游动时的阻力。后部分为长 100 mm、宽 45 mm、高 80 mm 中空的立方体，壁厚 5 mm。其最后端为壁厚 3 mm、长 30 mm 的与鱼皮连接处，其上左右两边各留有两个与鱼体骨架左右固定板连接的螺丝孔。其顶端预留有三个孔，分别是电池充电接口、天线安装口、充气密封口。

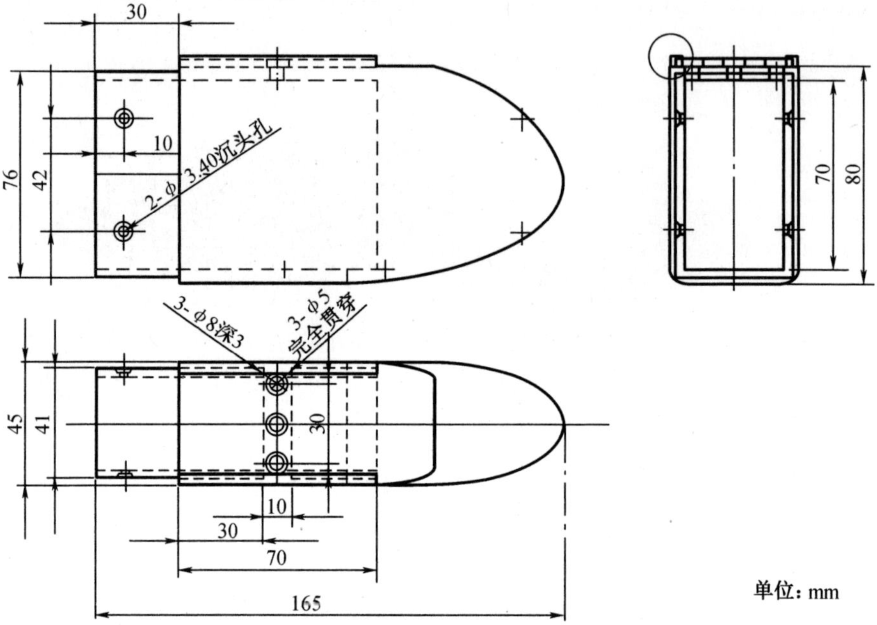

图 3.3　机器鱼鱼头壳体零件图

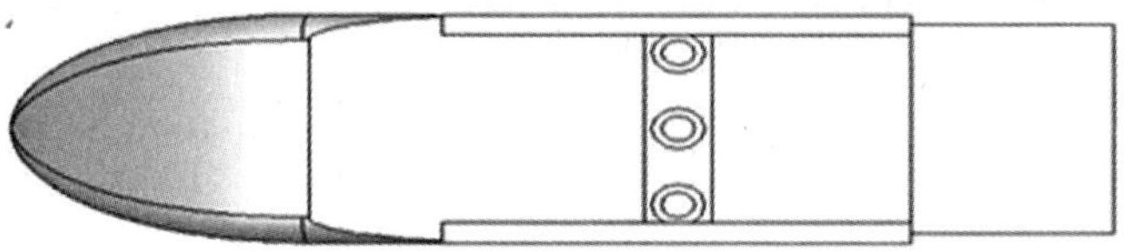

图 3.4　机器鱼鱼头工程图

鱼体前部分有左右两个固定板，分别如图 3.5、图 3.6 所示，其主要作用是连接鱼体和鱼头，其设计为尺寸相同、左右结构对称。固定板长 63 mm、宽 20 mm、厚 5.50 mm，其上预留有四个螺丝孔，其中两个与第一关节（内侧）固定连接（如图 3.7 所示），另外两个与鱼头壳体固定连接。

第一关节（内侧）除了左右两端固定连接左右固定板外，其前端还固定连接电源支架（如图 3.8 所示）。电源支架主要用来安置控制系统和电池，其形状为厂字形薄板，宽 20 mm，厚 1 mm，电源支架与关节固定连接处长 29 mm，并预留有两个连接用的螺丝孔。用来安置控制系统和电池的另一端长 70 mm。第一关节下端还固定连接电源开关支架（如图 3.9 所示），电源开关支架主要作用是用来安装电源开关，其一端固定连接在第一关节内，其工程尺寸如图 3. 9 所示，为宽 20 mm、厚 1 mm 的厂字形薄板，电源开关支架与第一关节（内侧）连接处长 10 mm，安装电源开关一端长 14 mm。

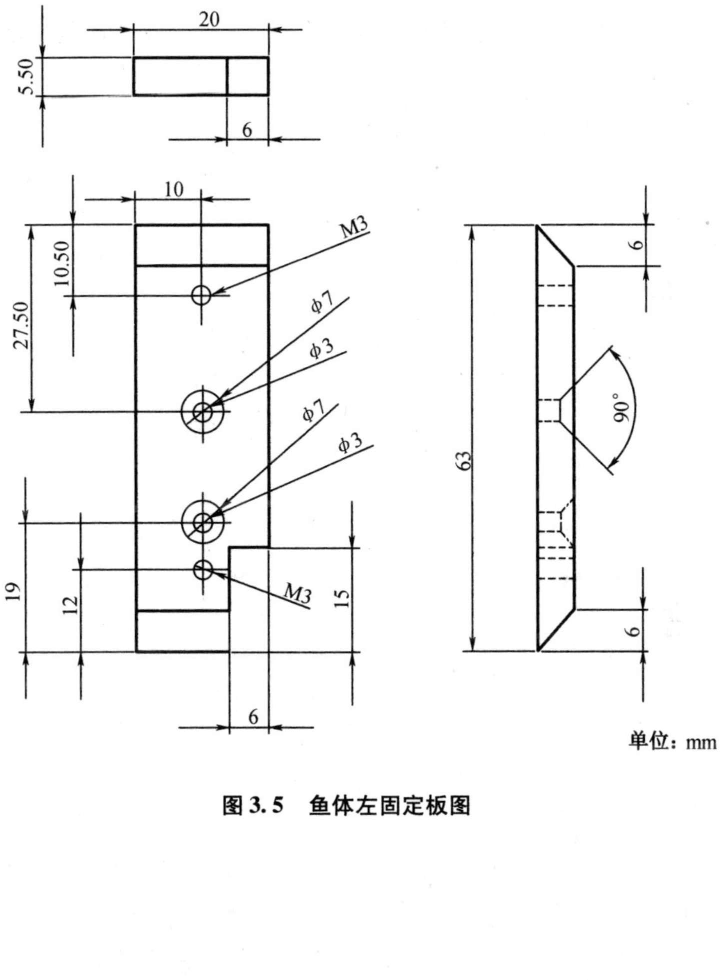

图 3. 5　鱼体左固定板图

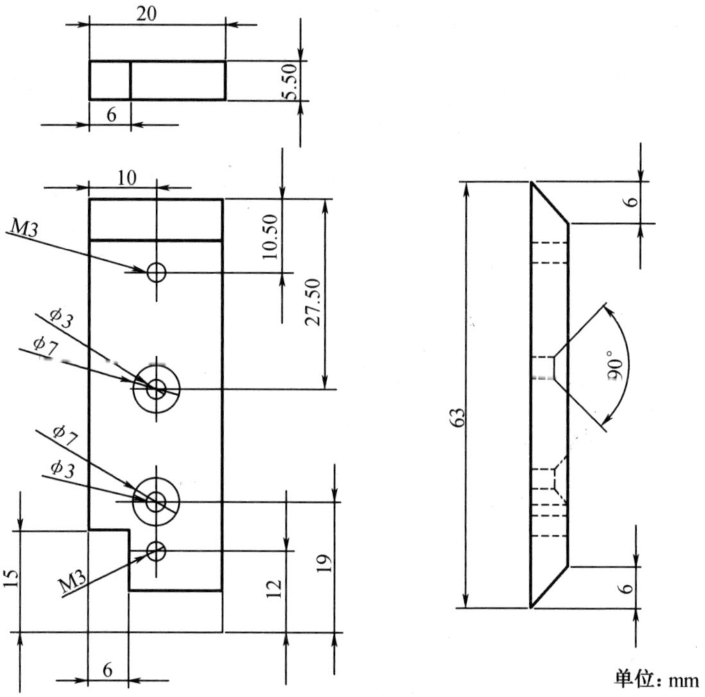

图 3.6　鱼体右固定板图

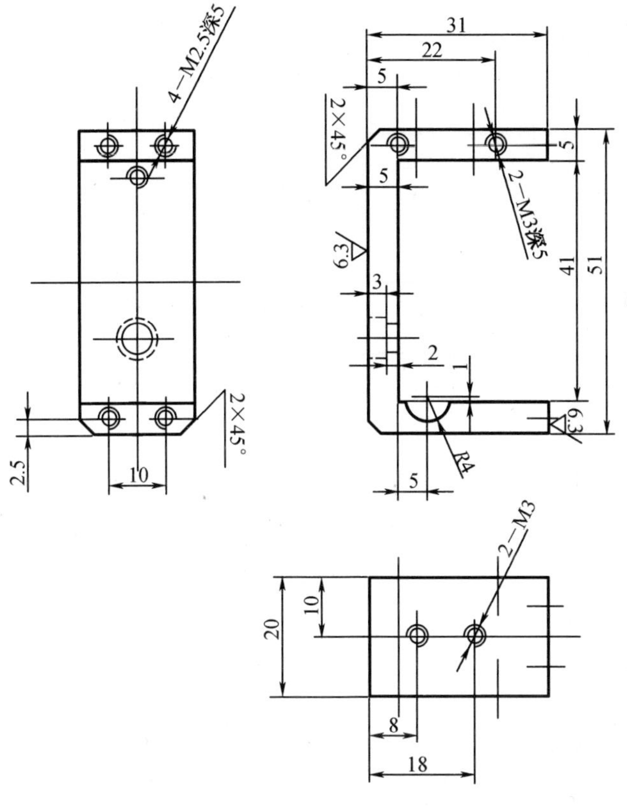

单位：mm

图 3.7　第一关节（内侧）图

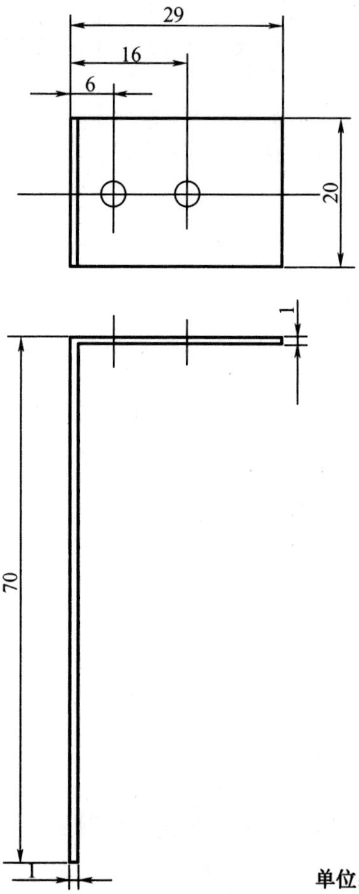

图 3.8　电源支架图

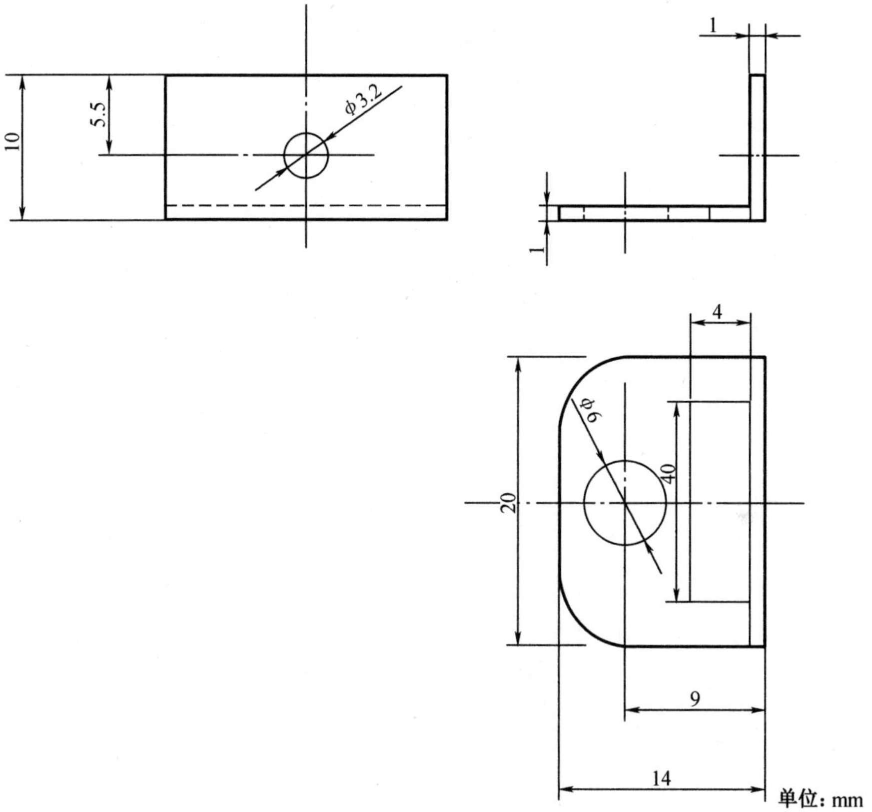

图 3.9　电源开关支架图

3.2　鱼体骨架

鱼体骨架由三个关节前后依次连接而成，其第一、第二关节大小尺寸完全相同，第三关节形状与第一、二关节相同而尺寸减小，其关节装配连接如图 3.10 所示。鱼体第一、第二、第三关节内开口朝上安装，分别用来安置电动机。第一、第二关节内工程尺寸如图 3.7 所示，其为上端开口、厚 5 mm、宽 20 mm 的三面薄板形，底端长 51 mm，前后两段关节长度均为 31 mm，底端另预留电动机安装孔，后端底部留有用来安装电动机的半径为 4 mm 的半圆形凹

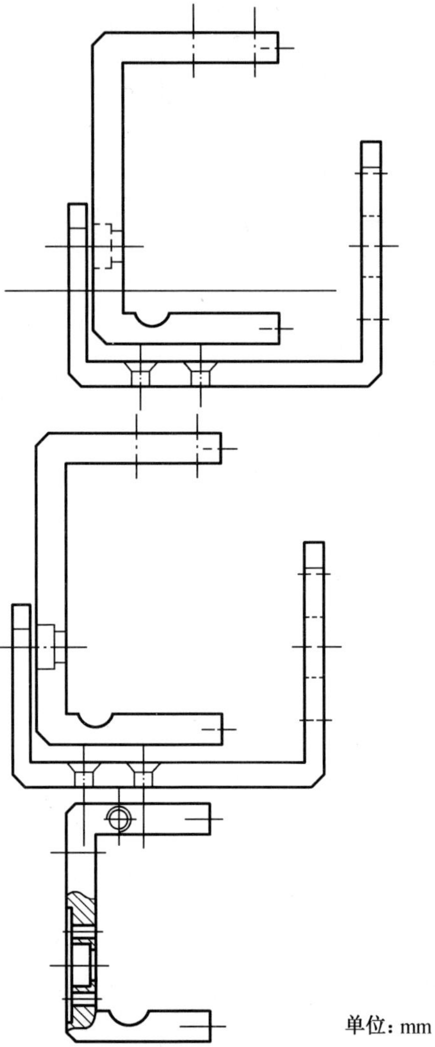

图 3.10　关节装配连接图

槽，后端另预留两个连接下一关节的固定螺丝孔。第一、第二关节外工程尺寸如图 3.11 所示，其为前端开口、厚3 mm、宽 14 mm 的三面薄板形，上端长 40 mm,低端长 30 mm，后端长 51 mm，上端和底端均预留电动机安装孔，后端预留跟前后关节连接的螺丝孔。第三关节内与第一关节内形状相似，工程尺寸不同，其厚 5 mm、宽 12 mm，底端为39 mm,前后两端长均为 24 mm，底端也

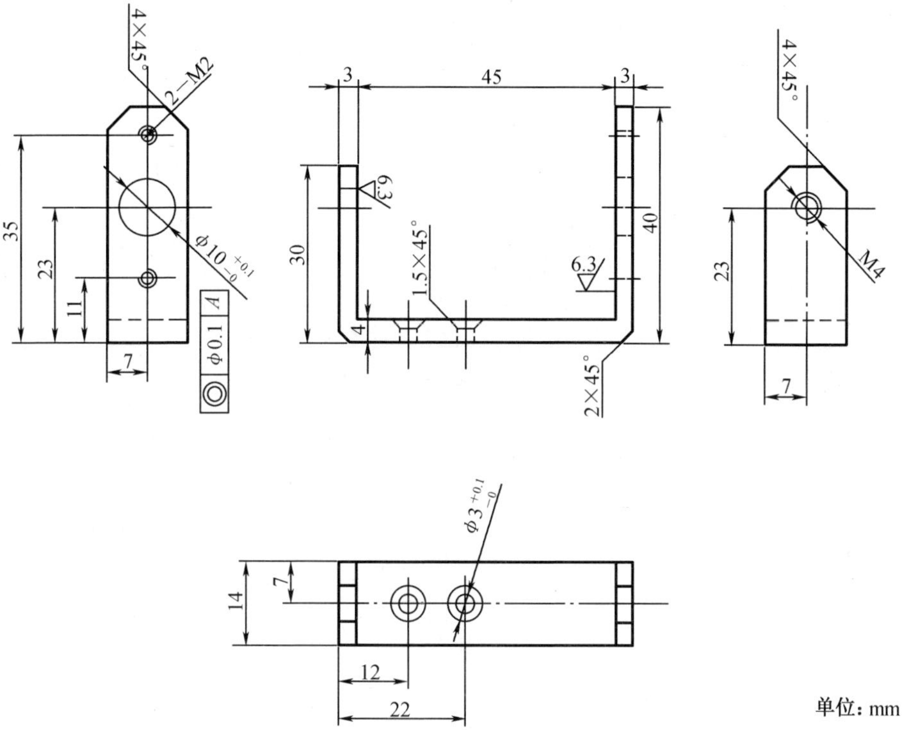

单位：mm

图 3.11　第一关节（外侧）图

预留电动机安装孔，后端预留用来安装电动机的半径为 3.7 mm 的半圆形凹槽，并有两个连接第三关节外的螺丝孔，如图 3.12 和 3.13 所示。

在第一关节与第二关节及第二关节与第三关节之间，均有用来支撑鱼皮的垫片，如图 3.14 和图 3.15 所示。两垫片均为厚 2 mm 的椭圆形薄板，其下端预留电动机导线通过的口子，中间有与前后关节固定连接的螺丝孔。第一关节与第二关节之间垫片如图 3.14 所示，其椭圆形长 66 mm，宽 36 mm；第二关节与第三关节之间垫片如图 3.15 所示，其椭圆形长 62 mm，宽 30 mm。

前面所述的左右两固定板，电源开关支架，第一关节、第二关节、第三关节内外、前后两垫片，其材质均为合金铝；电源支架材质为铝板。

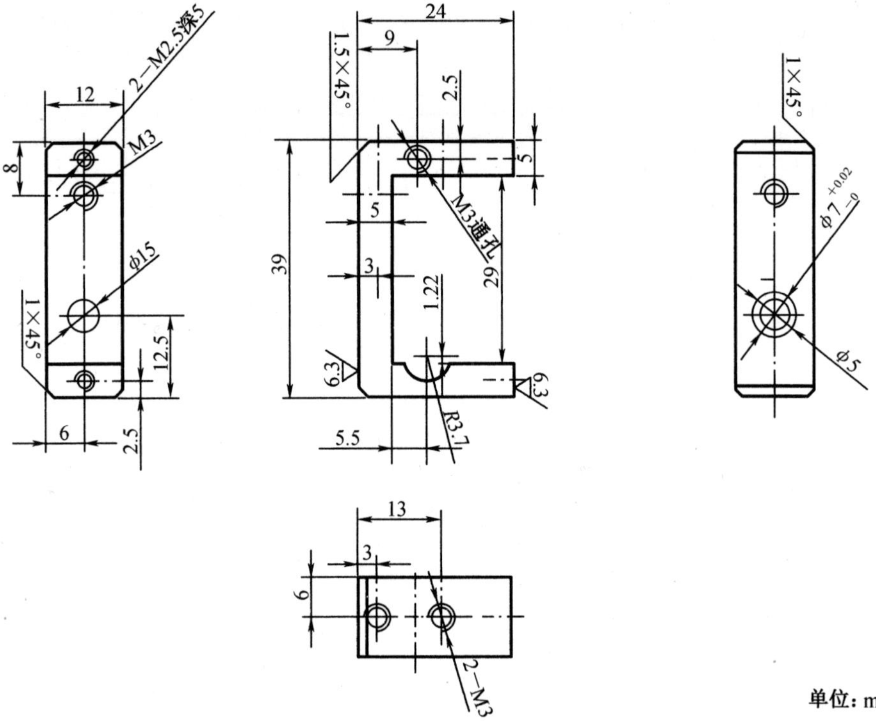

单位：mm

图 3.12　第三关节（内侧）图

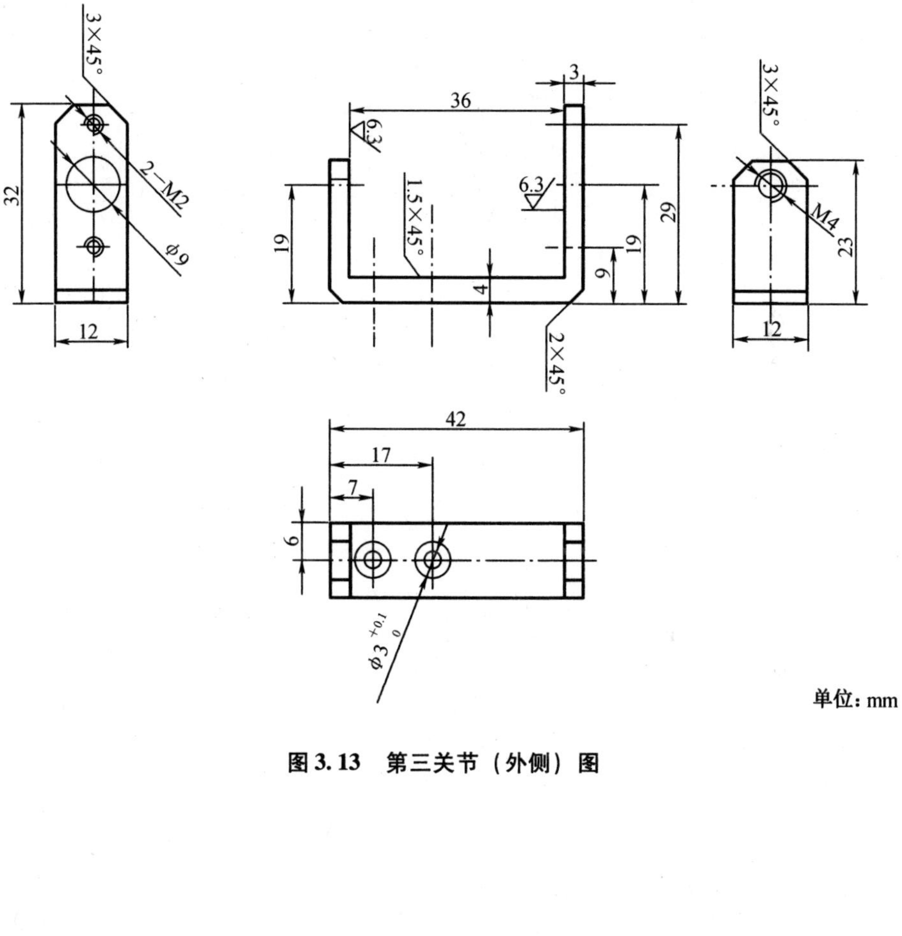

图 3.13　第三关节（外侧）图

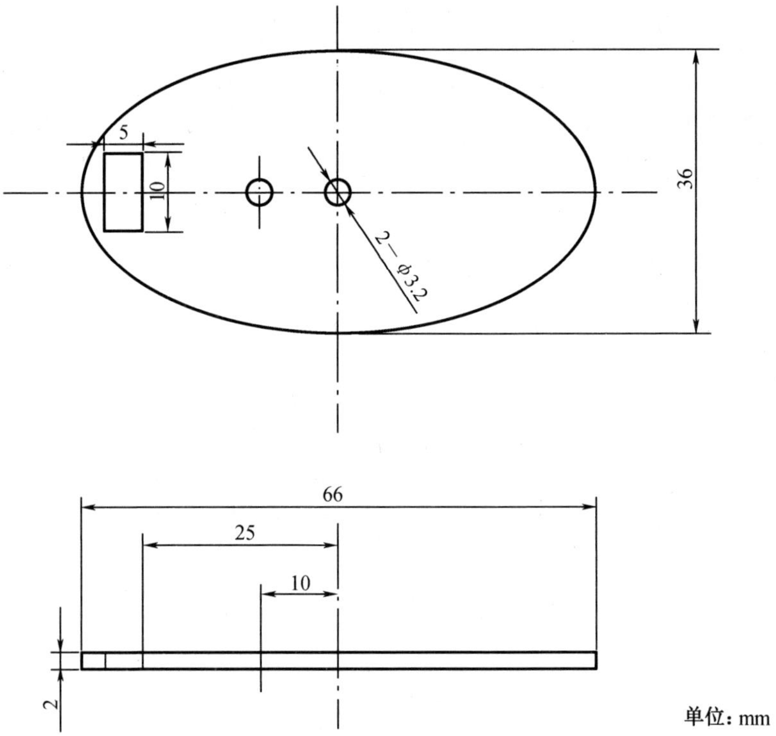

图 3.14　第一关节与第二关节之间垫片图

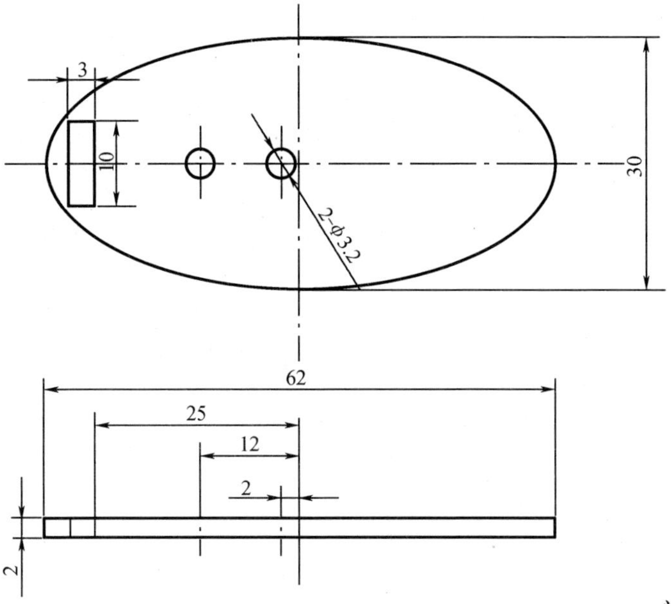

单位：mm

图 3.15　第二关节与第三关节之间垫片图

3.3　鱼尾设计

如图 3.2 所示，月牙形尾鳍通过鱼尾连接件（如图 3.16 所示）与骨架的第三关节的外侧/外部相连。尾部连接件由比较硬的塑料制成，其总长为 35 mm，可分为两部分。前部分长 15 mm，其前端为长 25 mm，宽 15 mm，上下是半径为 7.50 mm 的半圆形，其上由两螺丝孔与第三关节外连接；后部分长 20 mm，中间留有用来连接月牙形尾鳍的卡槽，并有左右贯通的固定螺丝孔。

防水鱼皮与尾鳍均为软橡胶制成的，如图 3.2 所示。鱼皮前端与鱼头壳体用胶水黏合，中间鱼体部分为纹形，可以在充气时适当缩放，后部与鱼尾连接件黏合，并保证黏合处防水。尾鳍制成月牙形，中间夹有硬塑料薄板。

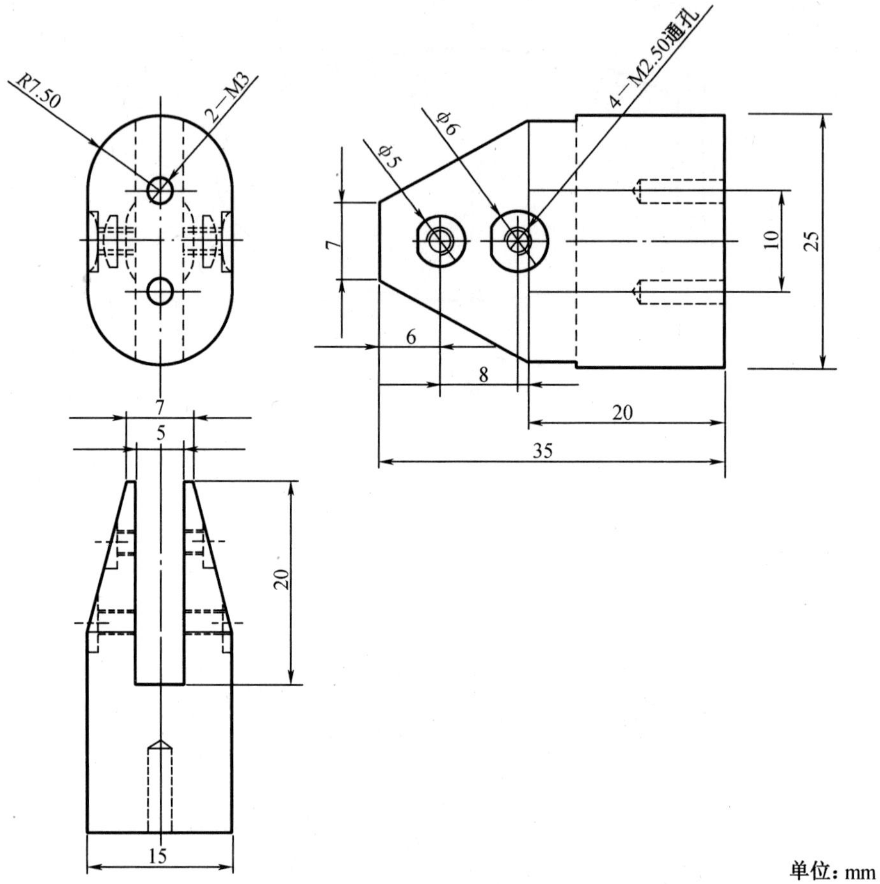

图 3.16　尾部连接件图

思考与习题

3－1　机器鱼机械结构的设计有哪些优点？

3－2　骨架的设计原理依据是什么？有哪些特点？

第4章 硬件系统

4.1 总体方案

在控制单元中，仿生机器鱼的摆动控制集成在头部的控制电路板中（如图4.1所示），直流伺服电动机组由控制电路板控制。机器鱼接收从电脑通信模块发出的指令，通过控制电路，经调制产生PWM信号控制各个直流伺服电动机的转角，从而实现各关节的协调摆动，复现鱼体的运动。

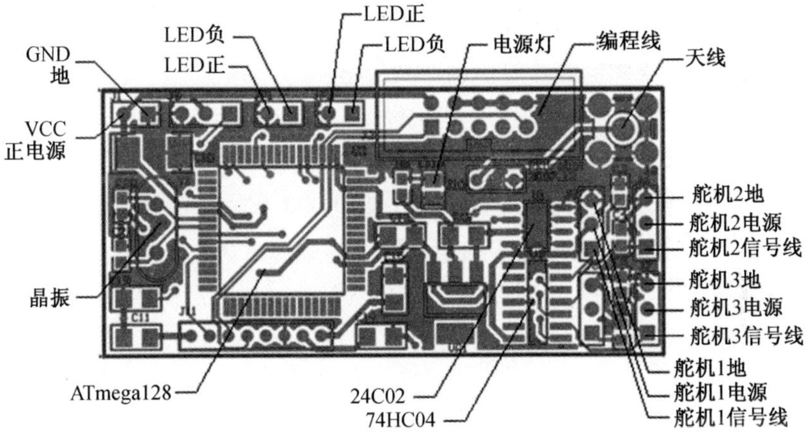

图4.1 仿生机器鱼控制电路板示意图

仿生机器鱼游动的速度可通过调节关节的摆动频率来控制，其方向可通过不同的关节偏移来实现。在一个摆动周期内，通过前两个关节角 $\phi_{i,1}$ 和 $\phi_{i,2}$ 叠加之后可以得到不同的偏移量，可以实现不同的转弯。

机器鱼采用身体波动的推进模式，即靠尾部三个电动机的协调摆动来拟合鱼体的运动。但若想实现仿生机器鱼在水中的控制还存在以下难点。

（1）机器鱼以身体波动模式推进很难跟踪直线运动，且机器鱼不能后退，只能以不同的转弯模式来改变运动方向。

（2）机器鱼运动时水面产生波动，即使机器鱼处于静止状态也可能随水波动而漂移，达到点到点的精确控制。

（3）由于很难通过解析的方法建立机器鱼的流体力学和运动学模型，因此无法预测机器鱼在接收上位机指令后的动作效果。

下面详细介绍控制电路板的各个部分。

4.2 控制系统

根据 ATMEL 公司生产的精简指令集（Reduced Instruction Set CPU）AVR 系列单片机的特点，控制部分采用的是贴片封装的 8 位 AVR 单片机 ATmege128，其技术特征如下。

（1）先进的 RISC 结构

133 条指令，大多数可以在一个时钟周期内完成；

32 ×8 通用工作寄存器 + 外设控制寄存器；

全静态工作。

（2）非易失性的程序和数据存储器

128 kB 的系统内可编程 Flash。寿命为 10 000 次写/擦除周期；

具有独立锁定位、可选择的启动代码区，通过片内的启动程序实现/系统内编程/真正的读 - 修改 - 写操作；

4 kB 字节的 EEPROM，寿命为 100 000 次写/擦除周期；

4 kB 字节的内部 SRAM；

多达 64 kB 的优化的外部存储器空间；

可以对锁定位进行编程以实现软件加密；

可以通过 SPI 实现系统内编程。

（3）JTAG 接口（与 IEEE 1149. 1 标准兼容）

遵循 JTAG 标准的边界扫描功能；

支持扩展的片内调试；

通过 JTAG 接口实现对 Flash、EEPROM、熔丝位和锁定位的编程。

（4）外设特点

两个具有独立的预分频器和比较器功能的 8 位定时器/计数器；

两个具有预分频器、比较功能和捕捉功能的 16 位定时器/计数器；

具有独立预分频器的实时时钟计数器；

两路 8 位 PWM；

6 路分辨率可编程（2 到 16 位）的 PWM；

输出比较调制器；

8 路 10 位 ADC。8 个单端通道，7 个差分通道，2 个具有可编程增益（1×，10×，或 200×）的差分通道；

面向字节的两线接口；

两个可编程的串行 USART；

可工作于主机/从机模式的 SPI 串行接口；

具有独立片内振荡器的可编程看门狗定时器；

片内模拟比较器。

（5）特殊的处理器特点

上电复位以及可编程的掉电检测；

片内经过标定的 RC 振荡器；

片内/片外中断源；

6 种睡眠模式：空闲模式、ADC 噪声抑制模式、省电模式、掉电模式、/Standby 模式以及扩展的 Standby 模式；

可以通过软件进行选择的时钟频率；

通过熔丝位可以选择 ATmega103 兼容模式；

全局上拉禁止功能。

（6）I/O 和封装

53 个可编程 I/O 口线；

64 引脚 TQFP 与 64 引脚 MLF 封装。

（7）工作电压

2.7～5.5 V ATmega128L；

4.5～5.5 V ATmega128。

（8）速度等级

0～8 MHz ATmega128L；

0～16 MHz ATmega128。

Atmega128 引脚配置如图 4.2 所示。

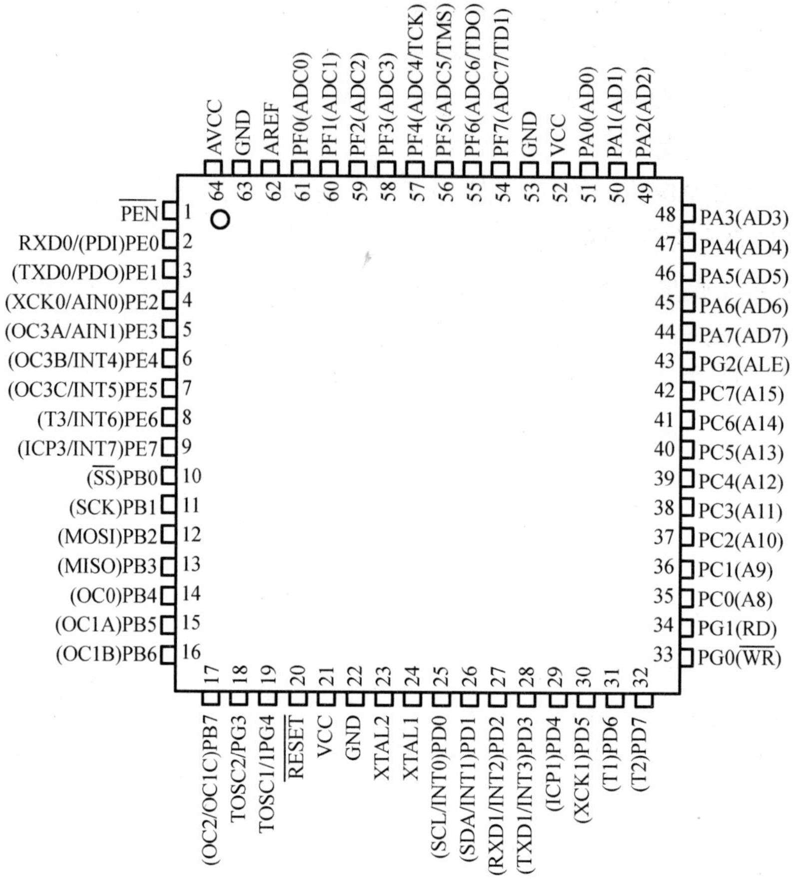

图 4.2　Atmega128 引脚配置示意图

ATmega128 为基于 AVR RISC 结构的 8 位低功耗 CMOS 微处理器。由于其先进的指令集以及单周期指令执行时间，ATmega128 的数据吞吐率高达 1 MIPS/MHz,从而可以减缓系统在功耗和处理速度之间的矛盾。

ATmega128 主要包括以下几个组成部分。

1. ATmega128 的存储器

AVR 结构具有两个主存储器空间：数据寄存器和程序寄存器。此外，ATmega128 还有 EEPROM 存储器以保存数据。这三个存储器空间都是线性的。

（1）系统内可编程的 Flash 程序存储器：ATmega128 具有 128 kB 的在线编

程 Flash。因为所有的 AVR 指令为 16 位或 32 位，故 FLash 组织成 64k ×16 位的形式。考虑到软件安全性，Flash 程序存储器分为两个区：引导程序区和应用程序区。Flash 存储器至少可以擦写 10 000 次。

（2）SRAM 数据存储器：ATmega128 支持两种不同的 SRAM 配置，内部 SRAM 数据存储器和扩展的 SRAM 数据存储器。

（3）EEPROM 数据存储：ATmega128 包含 4 kB 的 EEPROM。它是作为一个独立的数据空间而存在的，可以按字节读写。EEPROM 的寿命至少为 100 000 次（擦除）。EEPROM 的访问由地址寄存器、数据寄存器和控制寄存器决定。

2. 具有 PWM 功能的 8 位定时器/计数器

其主要特点如下：

单通道计数器；

比较匹配时清零定时器（自动重载）；

无干扰脉冲，相位正确的脉宽调制器（PWM）；

频率发生器；

外部事件计数器；

10 位时钟预分频器；

溢出与比较匹配中断源（TOV2 与 OCF2）。

3. 中断单元

4. SPI 口

在程序下载时可以用于控制单片机的编程，在程序运行时是一个全双工的 SPI 端口。

5. USART（通用同步/异步收发器）

4.3 推进系统

动力部分我们采用的是日本双叶电子工业株式会社（Futaba）的 S3003（见图 4.3）和 S3102（见图 4.4）两款舵机。

舵机是一种位置伺服驱动器，适用于那些需要角度不断变化并可以保持的控制系统。其工作原理是：控制信号由接收机的通道进入信号调制芯片，获得直流偏置电压。它内部有一个基准电路，产生周期为 20 ms，宽度为 1.5 ms 的

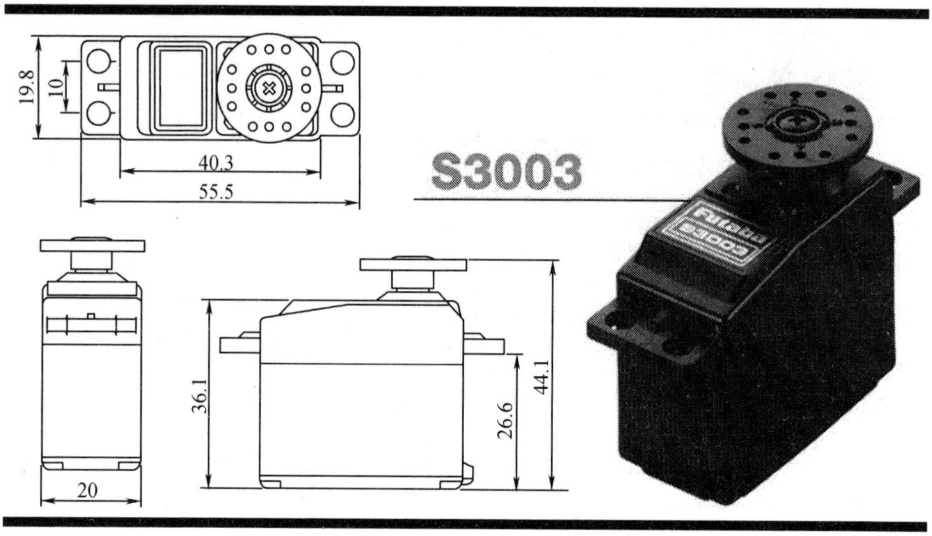

图 4.3　Futaba S3003 舵机图

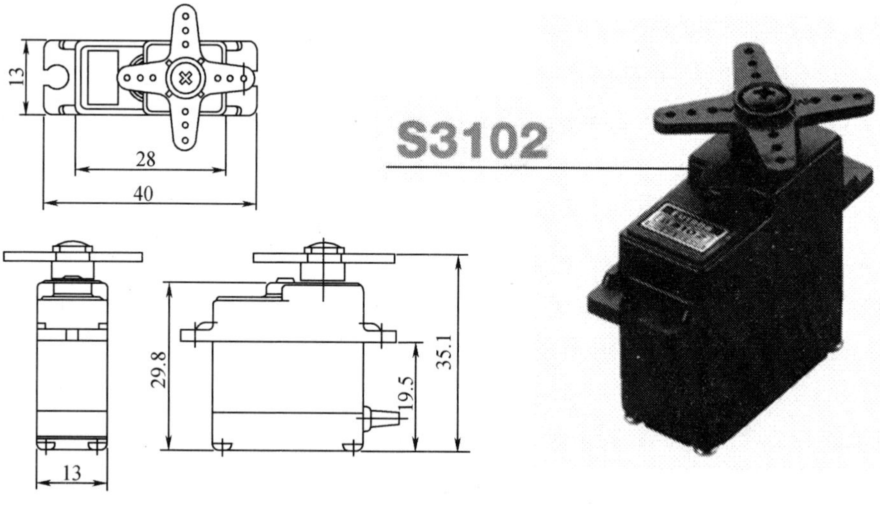

图 4.4　Futaba S3102 舵机图

基准信号，将获得的直流偏置电压与电位器的电压比较，获得电压差输出。最后，电压差的正负输出到电动机驱动芯片决定电动机的正反转。当电动机转速一定时，通过级联减速齿轮带动电位器旋转，使得电压差为 0，电动机停止转动。

Futaba S3003 舵机尺寸：如图 4.3 所示。

质量：37.2 g。

速度：0.23 s/60°（4.8 V）。

输出力矩：3.2 kg · cm（0.313 6 N · m）（4.8 V）。

Futaba S3102 舵机尺寸：如图 4.4 所示。

质量：21 g。

速度：0.25 s/60°（4.8 V）。

输出力矩：3.7 kg · cm（0.362 6 N · m）。

4.4 通信系统

通信部分我们采用的是北京华荣汇通信设备有限公司 GW100B 通信模块，如图 4.5 所示。

图 4.5　GW100B 通信模块图

产品特点：

（1）标准异步串行接口（UART，1 个起始位，8 个数据位，1 个以上停止位，0 或 1 个校验位），方便与各种控制器的硬件串口连接；

（2）数据直接传输（自动静噪，过滤掉空中假数据，所收即所发），双工通信，收发自动切换，使用上就像一根串行直连线一样方便；

（3）Modem 内置高性能 CPU 实现前向纠错（FEC）处理，通信可靠性大大提高，误码率非常低；

（4）硬件跳线选择最多 16 个独立互不干扰信道，7 挡波特率及串口模式设置；

（5）可以串口软件设置无线频道，实现软件跳频；

（6）3.3 V/5 V 兼容 TTL，RS232，RS485 多种接口电平，选择和使用更加灵活；

（7）DC3.0 – 8.0V 宽压工作，电源可以 I/O 控制关断，降低功耗；

（8）针对不同应用需求，设计不同尺寸与接口的产品，型号齐全；

（9）由于软件纠错编码增益，相同辐射功率条件下，同一误码率指标，带 FEC 的无线模组通信距离要远高于一般的无线数传模组或不带 FEC 的无线模组。

4.5 供电部分

供电部分我们采用的是三洋公司生产的 Eneloop 四节串联五号电池（如图 4.6 所示），Eneloop 电池的特性：

（1）超低自放电，充满电存放一年保存 85% 电量，存放半年保存 90% 电量；

（2）无记忆效应，随充随用，对电池不造成任何伤害，保证了电池的寿命和容量；

（3）耐低温，在北方低温天气下可以保持足够的电力；

（4）闪光灯回电快，电压相对普通电池要高出 0.1 V 左右；

（5）超多充电次数，是普通充电电池的两倍，为 1 000 次，寿命约 10 年；

（6）出厂充满电，即买即用，无需先进行充电；

（7）环保，可回收再造。

图 4.6　Eneloop 电池实物图

4.6　测控平台

4.6.1　手动控制平台

对仿生机器鱼进行调试和烧写程序，基本要求：带有串口的电脑一台。打开水下仿生机器鱼多功能控制台，其主页面如图 4.7 所示。

在这个平台上，我们可以对机器鱼进行如下基本操作：

1．键盘控制键

（1）速度控制

数字键 0 ~5 和小键盘数字键 1 ~9，分别表示不同的游动速度挡。

（2）方向控制

字母 QWERTY 和方向键 < - 表示左转的七个转弯挡，按键 UIOP ［］和方向键 - > 表示右转的七个转弯挡。

停止：空格键。

2．基本控制页

（1）对机器鱼进行基本操作。

F?：<? ［?］? >mode：? 中 F? 表示仿生机器鱼的 ID 号，<? 表示左转弯速度挡，[?]表示速度挡，? >表示右转弯速度挡，mode? 表示游动模态。

（2）Direction 为方向滑块，表示方向速度挡位；Speed 为游动速度显示

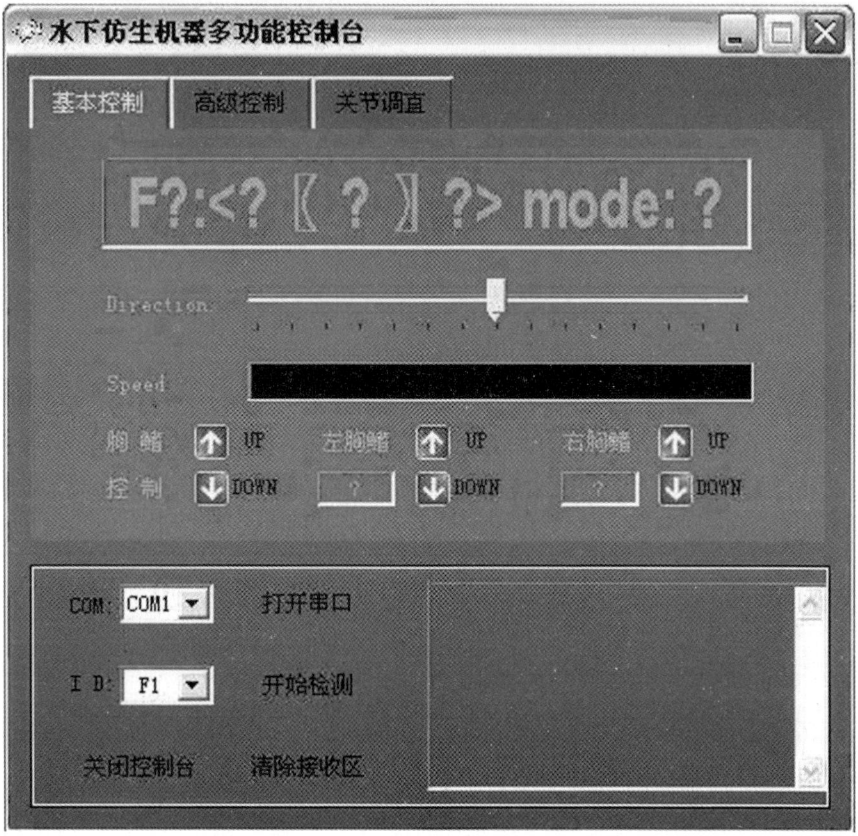

图 4.7　水下仿生机器鱼多功能控制台基本控制界面图

条，表示当前游动速度挡。

（3）COM 为串口选择；ID 为仿生机器鱼鱼号选择；

右下角区域为控制数据发送接收区，显示发送和接收到的数据。

3. 高级控制页

对机器鱼进行高级控制，如图 4.8 所示。

（1）点击更改鱼 ID 可以更改当前鱼的鱼号即 ID。

（2）关节调直页，如图 4.9 所示。

（3）对各个关节单独调节，使初始条件下鱼身笔直，游动时保持左右对称。

点击关节 1 则会出现左右两个按钮，点击左，机器鱼的关节 1 会向左微调一个角度，点击右，机器鱼的关节 1 会向右微调一个角度。

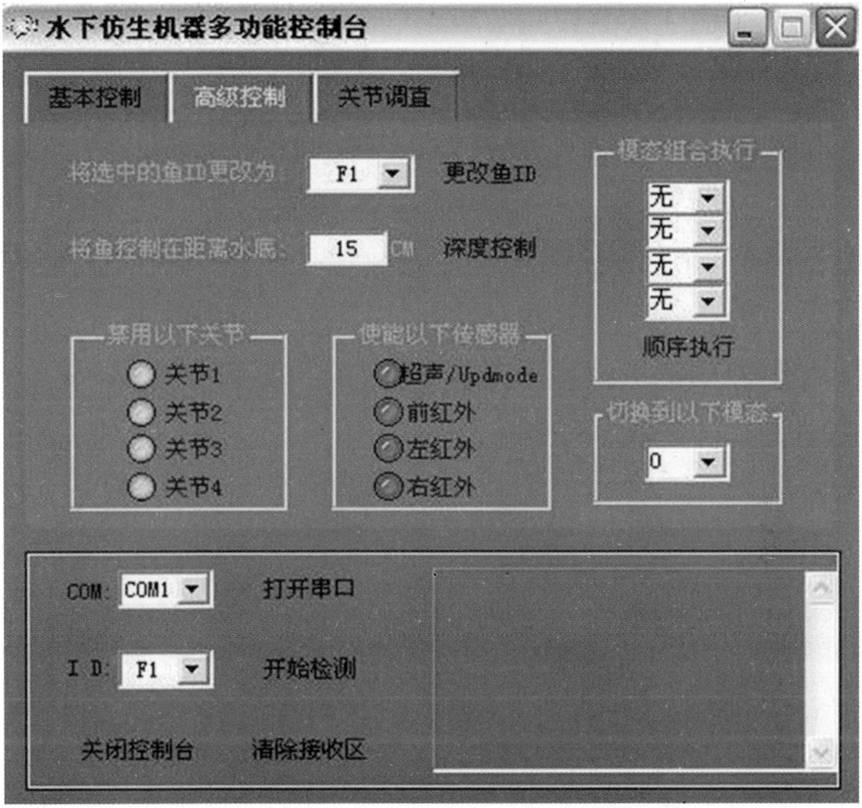

图 4.8　水下仿生机器鱼多功能控制台高级控制界面图

（4）确认调直：点击确认调直，则机器鱼保存调直数据，下一次打开机器鱼就不用重复调直。

4.6.2　无线烧写程序

1．将 . hex 文件转换为 . bin 文件

（1）将工具 hexbin. exe 和需要转换的 . hex 文件放到同一个目录下（. hex 文件由单片机程序编译得到），以 Fish. hex 为例。

（2）双击 hexbin. exe 文件，输入 . hex 文件名 Fish. hex，回车，如图 4. 10 所示。

（3）键入输出 . bin 文件名 Fish. bin，回车，如图 4. 11 所示。

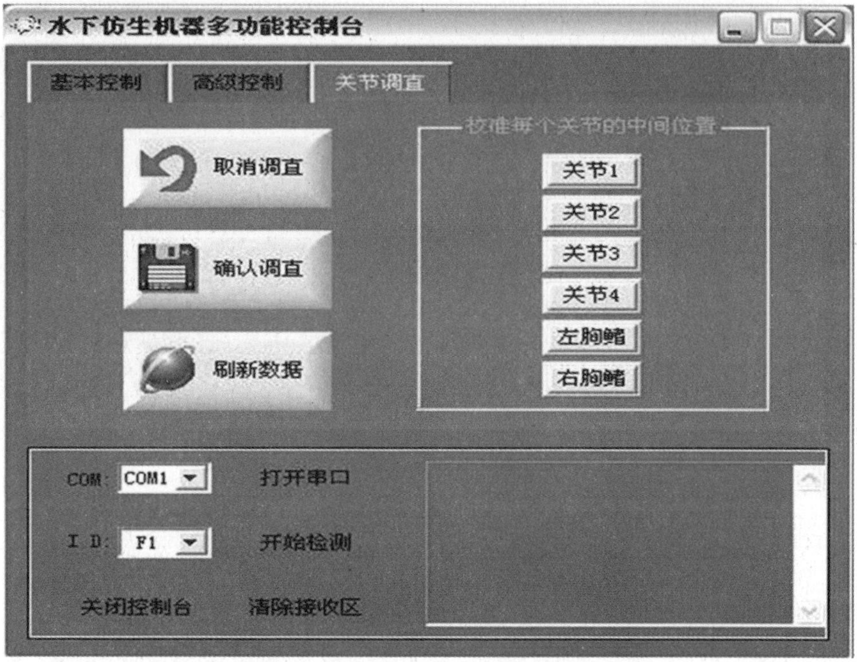

图 4.9　水下仿生机器鱼多功能控制台关节调直界面图

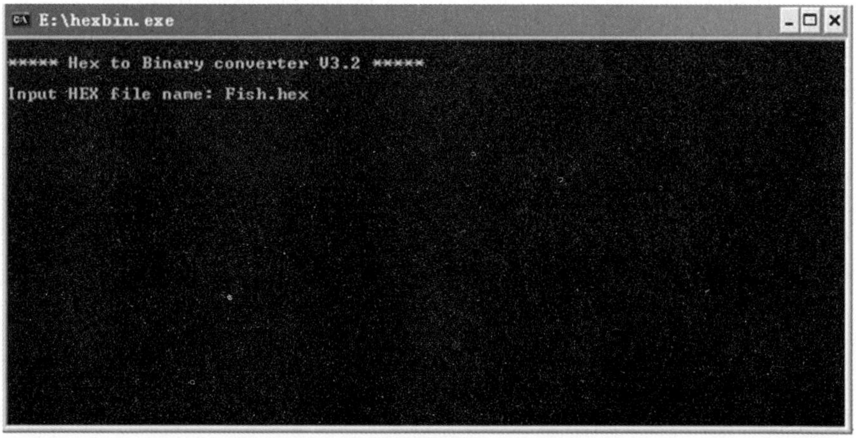

图 4.10　.hex 转 .bin（Step1）

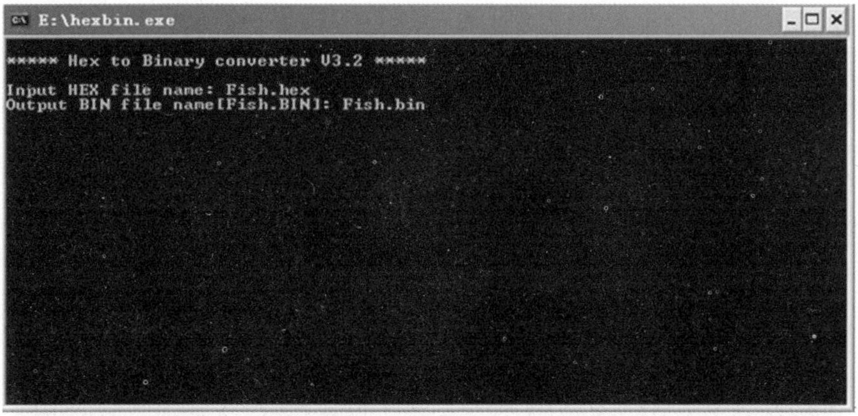

图 4.11 .hex 转 .bin（Step2）

（4）选择 Intel 模式（默认），回车，如图 4.12 所示。

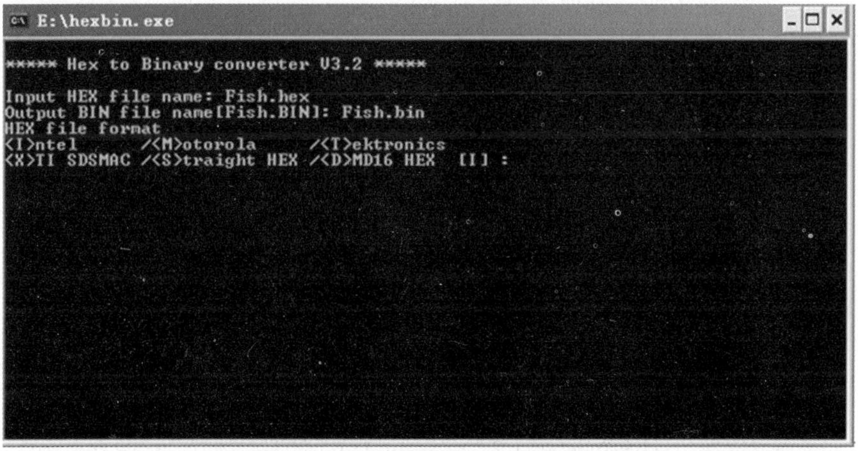

图 4.12 .hex 转 .bin（Step3）

（5）选择 b，用 FF 填充未使用的数据，回车，生成 .bin 文件，如图 4.13 所示。

2. 用超级终端无线烧写单片机程序

转换后的 .bin 文件可以用于无线烧写，烧写方法如下：

（1）建立一个超级终端（开始 -> 程序 -> 附件 -> 通信 -> 超级终端），输

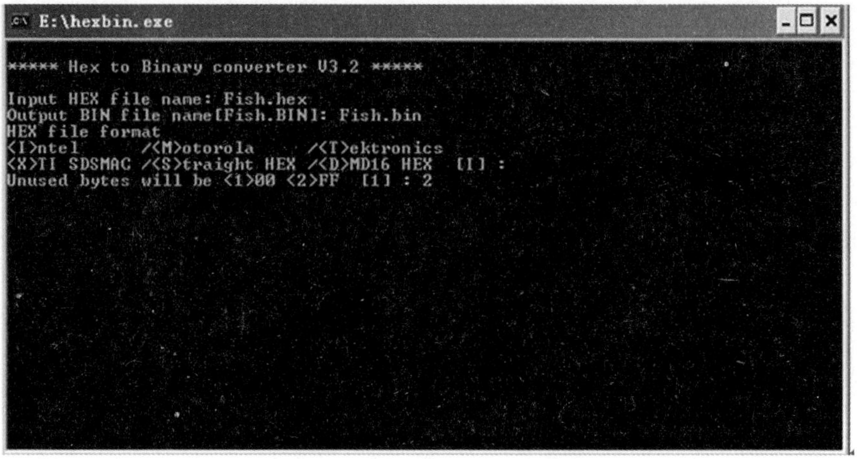

图 4.13　.hex 转 .bin（Step4）

入超级终端名称，确定后进行属性设置，如图 4.14 所示。

图 4.14　超级终端属性端口设置图

（2）设置完成后打开与电脑连接的通信模块，打开机器鱼，超级终端窗口将出现提示信息，在 3 秒钟之内按下 D 或 E（D 用于烧写单片机应用程序，E 用于烧写 EEPROM 控制数据），当出现“ccccc”提示信息后，可以开始烧写程序。如果打开机器鱼后超级终端窗口没有提示信息，则请检查通信模块是否连接正确，通信模块是否打开，频段是否正确，通信模块和机器鱼的电压是否过低。

（3）在超级终端窗口中选择“传送” -> “发送文件”，选择需要发送的.bin 文件，如图 4.15 所示。发送文件时机器鱼与通信模块应尽量靠近，以保证传输速度。

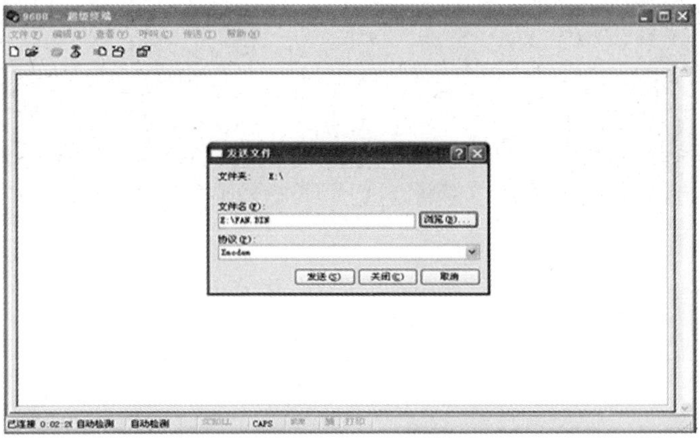

图 4.15　超级终端发送.bin 文件到机器鱼示意图

思考与习题

4－1　简述机器鱼控制方式，画出控制系统模型。

4－2　简述机器鱼的推进系统有哪些特点。

4－3　考虑水下机器人通信方式，谈谈你对机器鱼水下通信系统优缺点的理解。

第 5 章　仿生机器鱼运动控制原理与方法

5.1 引　　言

我们曾在 1.4.2 节介绍过，按照鱼类推进运动的特征机器鱼可以分为波动式机器鱼和摆动式机器鱼。这两种运动方式没有明显的区分界线，摆动运动可以看成是波幅渐大的波动运动。

5.2 基于鱼体波的控制方法

鱼类游动的推进模式分为身体/尾鳍推进模式（Body and/or Caudal Fin，BCF）和中央鳍/对鳍模式（Median and/or Paired Fin，MPF）两类。基于本书介绍的机器鱼的机械结构，我们只讨论以身体/尾鳍为推进运动单元的鱼类。

鱼类游动主要靠尾部的波状摆动来获得推力，产生的推力主要由以下四部分组成。

（1）尾涡作用：鱼游动中尾鳍往复摆动，通过实行涡控制，将边界层中的涡量脱泻出旋涡（反向卡门涡街），形成向后的射流，对鱼体的作用力即为推力。

（2）惯性力作用：当鱼体作侧向摆动时，各个截面都在水中左右运动，在非定常流动中产生局部的附加质量效应，这是一种惯性力，即 $F=-\frac{D}{Dt}(mV)$，其中，V 表示鱼体横向摆动的速度，m 表示附加质量，侧力 F 与鱼体表面正交。这些惯性力在前进方向上的投影和构成向前的推力。

（3）前缘吸力：当水流流过鱼体上曲率很大的钝前缘和尾鳍前缘时，局部流速增大，形成低压区，产生前缘吸力，也产生了部分推进力。

（4）月牙尾的升力作用：它相当于一个定常机翼同时作沉浮运动和俯仰运动。大攻角下的振动翼具有动态过失速特性，可产生高升力。月牙尾正是利用了非定常机翼的高升力机制，在游动方向上获得高推力。

在鱼类推进理论上，英国的 Lighthill（1960）首次基于“小振幅位势理论”建立了分析鲹科鱼类推进模式的数学模型。美国的 Wu（1961）通过潜流理论和线性化边界条件提出了“二维波动板理论”，该理论将鱼视为一薄板，用于分析鲹科鱼类的水动力学特性。Lighthill（1970，1971）将“细长体理论”用于鲹科鱼类的水动力学分析，并考虑了尾鳍任意摆幅的情况，由此提出了“大摆幅细长体理论”。

根据 Lighthill 提出的“大摆幅细长体理论”，鲹科鱼类的鱼体波曲线可看作是鱼体波幅包络线和正弦曲线的合成，它开始于鱼体的惯性力的中心，延伸至尾柄，其曲线方程可表示为

$$y_{\text{body}}(x,t) = (c_1x + c_2x^2)\sin(kx + \omega t) \tag{5.1}$$

式中，y_{body}是鱼体的横向位移（背腹轴），x 是鱼体的轴向位移（头尾轴），k 是波长倍数（$k=2\pi/\lambda$），λ 是鱼体波的波长，c_1 是鱼体波波幅包络线的一次项系数，c_2 是鱼体波波幅包络线的二次项系数，ω 是鱼体波频率（$\omega=2\pi f=2\pi/T$）。

为了实现式（5.1）中提到的机器鱼理论推进模型，机器鱼采用级联的多连杆机构模拟鱼类尾部的摆动曲线，并考虑到鱼体可视为一摆动链，可建模为主轴平面内一摆动的连杆机构，而连杆机构在运动过程中的相对位置可通过拟合鱼体波曲线来计算。由于计算机控制是一种数字量控制，因此在鱼体波数值拟合过程中，应将鱼体波曲线离散化，把时间参数 t 从鱼体波运动函数 $y_{\text{body}}(x, t)$ 中分离出来。各个连杆在某个时刻的具体位置可以通过拟合鱼体波曲线的方法求出。离散化后的曲线方程为

$$y_{\text{body}}(x,i) = (c_1x + c_2x^2)\sin\left(kx \pm \frac{2\pi}{M}i\right) \tag{5.2}$$

式中，i 表示一个摆动周期内的鱼体波摆动曲线序列的第 i 个变量；M 表示鱼体波的周期离散数，即在一个摆动周期内整个鱼体波在时间上的离散程度。

进一步地，假设摆动的连杆机构由 N 根刚性杆首尾相连组成，杆件之间的连接物称为关节。一般来说，每根刚性杆都由单独的驱动器（Actuator）驱动，从而构成机器鱼的一个关节，其产生的驱动力经关节的转轴传递到杆上，使杆可以产生独立的相对运动。设第 j 根杆的长度为 l_j（$j=1, 2, \cdots, N$），对应的端点坐标为（x_{j-1}，y_{j-1}）和（x_j，y_j），第 $j-1$ 根杆与第 j 根杆的夹角

（关节角）为 $\phi_{i,j}$。一旦选定鱼体波波幅包络线系数（c_1，c_2）和体波数 k（$k=1$），某一时刻的鱼体波形状就确定了。从数学意义上来说，对于一个摆动周期内第 i 时刻、第 $j-1$ 根杆与第 j 根杆的夹角 $\phi_{i,j}$，可通过拟合鱼体波曲线来计算。所要解决的问题是在 0 到 $2\pi R$（一个周期内）的轴向区间内寻找合适的关节角 $\phi_{i,j}$，使每根杆在鱼体波曲线上首尾相接，并且最后一根杆末端点的横坐标刚好落在 $2\pi R$ 处。

从而，可以得到一个二维的杆件摆动数组，用作柔性身体的基本摆动数据。通过把刚性前体连接到柔性身体的前部，尾鳍附加到柔性身体的最后一个关节，这样就构成了机械结构上完整的机器鱼。

在设计之初需要确定的一些特征参数有：

（1）鱼体波波形参数 c_1，c_2，k，ω。用于确定鱼体波的包络线及波长，对于不同种类外形和尺寸的鱼具有不同的运动学参数集。

（2）关节数 N，及最小关节长度 $l_{\min}$。即确定用几个关节来模拟鱼体的摆动部分，最短关节应该大于 $l_{\min}$。N 的大小决定了实际机器鱼体波的平滑度。

（3）鱼体摆动部分的相对波长 R。即鱼体摆动部分相对于一个波长所占的比例，与所模拟的鱼类的游动模式有关。鲹科模式一般此参数为 0.5 ~0.6。

还要考虑鱼体波的周期离散数 M 及电动机的最快响应时间 $T_{\min}$。M 为在一个摆动周期内整个鱼体波在时间上的离散程度，决定了实际机器鱼鱼体波摆动的平滑度。$T_{\min}$ 决定机器鱼的最快摆动频率。

为了降低机电系统的复杂程度，连杆数 N 限定在一个相对小的范围内，即 $2 \leqslant N < 10$。这样，在实际设计中就得用有限个连杆来拟合鱼类丰富的运动形式，从而导致鱼体的运动比较生硬，不能产生平滑的过渡，进而在游动过程中产生多余的水动力学阻力，降低机器鱼的游动效率。不难发现，在其他参数一致的情况下，不同的关节长度比的拟合效果是不一样的。假设现在选择关节和理论波动曲线围成的面积（越小越好）作为判断拟合效果的评判标准，就会得到关节长度比为 1∶0.9∶0.68∶0.6 时的拟合效果要比等比例的效果好的结论。

（4）虽然为了平滑多连杆机构的刚性运动及兼顾防水密封，在机器鱼的骨架外侧包装上了弹性鱼皮，以增加鱼体的柔性，使关节间的摆动角度在弹性鱼皮上实现连续的过渡。但为了最大限度地体现鱼体波理论曲线的水动力学优越性，使实际拟合曲线与理论曲线之间的误差尽可能小，在针对机器鱼的关节长度设计机械部件前，很有必要对机器鱼各个关节之间的长度比（l_1∶l_2∶…∶

l_N）进行参数优化。

（5）机器鱼总长 L 及摆动部分所占整个鱼体比例 λ。

知道了以上特征参数之后就可以设计机器鱼及其控制方法。每一个关节由一个舵机控制，控制数据可以通过对离散后鱼体波的拟合计算得出。控制数据为一个 $M \times N$ 维的矩阵：

$$\begin{bmatrix} \theta_{0,0} & \theta_{0,1} & \cdots & \theta_{0,N} \\ \theta_{1,0} & \theta_{1,1} & \cdots & \theta_{1,N} \\ \vdots & \vdots & & \vdots \\ \theta_{M,0} & \theta_{M,1} & \cdots & \theta_{M,N} \end{bmatrix}$$

其中，$\theta_{i,j}$为第 i 个离散波时刻第 j 个关节相对于第 $j-1$ 个关节的偏转角度。

5.3 基于 CPG 的机器鱼运动控制

在漫长的进化过程中，自然界的生物所表现出的完美的身体结构和卓越的运动能力吸引了机器人研究人员的注意力。而近年来仿生学、材料、计算机、电子和制造技术的飞速发展也为新型仿生机器人的设计提供了很好的机会。鱼类作为最具代表性的水生生物，常常被作为水下机器人的模仿对象。为了模仿鱼类卓越的运动性能，运动控制机制的设计也是机器鱼设计中的一个关键因素。其中的难点在于，如何协调机器人的多个自由度以获得实时运动模式。过去，机器鱼的运动控制机制通常基于建模方法（Model Approaches）和正弦方法（Sine Approaches）。基于建模的方法是采用生物或机器人的运动学或动力学模型来设计机器人的运动控制机制。由这种方法得到的运动控制机制的性质依赖于模型的准确性，一旦所用的运动学和动力学模型不够精确甚至错误，控制机制的性能将会恶化。另外，基于建模的方法的计算量比较大。基于正弦的方法采用简单的正弦函数来产生推动机器鱼运动的行波。行波的传播速度通常大于机器鱼游动的速度，并朝着与游动方向相反的方向沿着鱼体传播。相比基于建模的方法，基于正弦的方法具有较小的计算量、加强量，便于在线产生步态。基于正弦方法的另一个优点是，振幅和频率等重要的物理量能够被很清晰地表示出来从而便于控制。然而值得注意的是，在线修改正弦函数的参数将会产生不连续的控制信号，从而导致运动状态的突然变化。这不仅影响了运动的连贯性，对机器鱼的电动机使用寿命也是非常不利的。

近年来，基于 CPG 的方法越来越多地被用于各种类型的机器人及运动模式上。CPG 是一种仿生方法，它是脊椎动物和非脊椎动物的运动神经回路的基本组成部分。CPG 的一个主要特点是能够在缺乏高层命令和外部反馈信号的情况下自动产生稳定的节律信号，而反馈信号或高层命令又可以对 CPG 的行为进行调节。基于 CPG 的方法已经被用来控制四腿机器人、两栖机器人和水中机器人等。

Ijspeert 提出了一种用于机器人运动控制的新型的 CPG 模型。该模型是一个由耦合非线性振幅控制相位振荡器构成的系统。Ijspeert 的模型并不是一个典型的生物系统，而是对生物运动模式在抽象意义上的模拟。不同于其他 CPG 模型，Ijspeert 的 CPG 模型的极限环行为具有解析解，并且这个解清晰地表达了能够用来作为控制参数的频率、振幅和相位滞后等物理量。

受 Ijspeert 模型的启发，我们期望获得一个更简单的机器人运动控制 CPG 模型。在我们的 CPG 模型中，线性振荡器替代了 Ijspeert 模型中的非线性振荡器，且实验证明在模型参数变化时，线性振荡器能够使我们的模型获得与 Ijspeert 的模型同样的性能。此外，为了使 CPG 模型获得更好的动态性能，我们给出了该模型结构参数的选择依据。基于此 CPG 模型以及在此基础上结合 PSO 方法所设计的一个转换层，我们得到了机器鱼运动控制的完整结构图。其中，转换层的作用是将高层的控制命令转换为 CPG 模型所需要的具体的控制输入。为了减少控制命令的参数，我们采用 PSO 优化方法以及线性插值方法，获得了在某一频率下最大速度时需要的其他参数的取值，从而将频率作为速度控制的唯一控制命令。我们作了一系列仿真及实物实验来验证我们的 CPG 模型以及运动控制方法，证明了此运动控制方法能够获得比较好的性能且便于应用。

完整的运动控制结构如图 5.1 所示。传输层（Transition Layer）在上位机中完成，用来将上层控制命令转化为 CPG 模型的具体控制输入参数，并将这些参数发送给机器鱼。机器鱼中包括了 CPG 模型以及将模型输出信号转化为机器鱼电动机控制信号的部分。

1. CPG 模型

我们的 CPG 模型采用典型的网状结构，是一个由 N 个耦合线性振荡器组

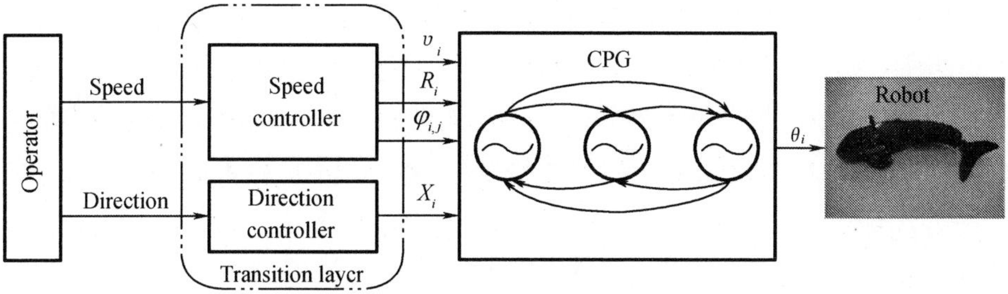

图 5.1　完整的运动控制结构示意图

成的系统，如图 5.2 所示。N 是机器鱼的关节数，关节与振荡器一一对应。第 i 个振荡器可以由如下方程组描述：

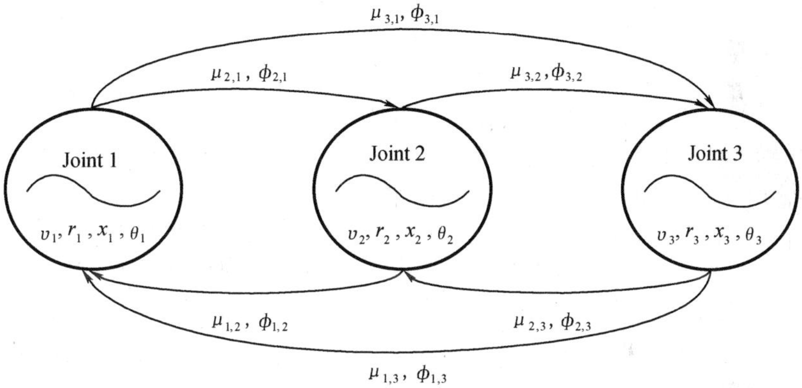

图 5.2　CPG 模型的结构图

$$\ddot{r}_i(t) = \alpha_i\{\alpha_i[R_i - r_i(t)] - 2\dot{r}_i(t)\} \tag{5.3}$$

$$\ddot{x}_i(t) = \beta_i\{\beta_i[X_i - x_i(t)] - 2\dot{x}_i(t)\} \tag{5.4}$$

$$\ddot{\phi}_i(t) = \sum_{j=1}^{N}\mu_{i,j}\{\mu_{i,j}[\phi_j(t) - \phi_i(t) - \phi_{i,j}] - 2[\dot{\phi}_i(t) - 2\pi v_i]\} \tag{5.5}$$

$$\theta_i(t) = x_i(t) + r_i(t)\cos[\phi_i(t)] \tag{5.6}$$

式中，状态变量 r_i（t），x_i（t），ϕ_i（t）分别表示振荡器在时间 t 的振幅、偏移和相位。

方程（5.3）是一个临界阻尼二阶线性系统，考虑此类系统的一般形式：

$$\frac{1}{\omega^2}\ddot{y}(t) + \frac{2}{\omega}\dot{y}(t) + y(t) = u(t) \tag{5.7}$$

其中，y（t）为输入，u（t）为输出。正参数 ω 为系统的阻尼系数。此系统的阶跃响应按照指数规律呈单调变化，即输出 y（t）渐进单调地逼近输入 $u(t)$。因此，振荡器的振幅 r_i 能够渐进单调地逼近期望振幅 R_i。类似地，方程（5.4）也是一个临界阻尼二阶线性系统。因此，振荡器的偏移 x_i 同样渐进单调地逼近期望偏移 X_i。方程（5.5）中，相位 ϕ_i 不仅仅取决于振荡器 i 自身，同时也与其他振荡器相关。我们把振荡器间的连接参数 $\phi_{i,j}$看作振荡器 ϕ_i 和振荡器 ϕ_j 间的相位偏移，即把 $\phi_{i,j}$看作 $\phi_i - \phi_j$ 的期望值。相位 ϕ_i 依赖于所有振荡器的初值以及它们之间的连接参数。方程（5.6）用来产生节律输出信号 θ_i。θ_i 完全取决于振荡器的振幅 x_i、偏移 r_i 和相位 ϕ_i。这三个状态变量都能够从任意初始条件起，渐进单调地逼近各自的期望值，因此当期望值变化时，振荡器的输入能够平缓地进行相应的调整。

2. 结构参数的选择

相应于三关节仿生机器鱼，我们选取 $N=3$。为了使机器鱼的运动性能更接近真鱼，我们对 CPG 模型中的参数作如下规定。取 $\alpha_i=\alpha$，$\beta_i=\beta$，$\mu_{i,i}=0$ 以及 $\phi_{i,i}=0$，$i_{i,i}=1$，2，3，即所有振荡器都不存在自耦；取 $\mu_{i,j}\neq\mu$，$i=j$ 来简化连接权值的参数选择问题。另外，假设相位偏移满足如下条件：

（1）$\phi_{i,j} = -\phi_{j,i}$，i，$j=1$，2，3；

（2）$\phi_{1,2}+\phi_{2,3}=\phi_{1,3}$。

因此，CPG 模型式（5.3）～式（5.6）可以写成如下形式：

$$\ddot{r}_i = \alpha[\alpha(R_i - r_i) - 2\dot{r}_i] \tag{5.8}$$

$$\ddot{x}_i = \beta[\beta(X_i - x_i) - 2\dot{x}_i] \tag{5.9}$$

$$\ddot{\phi}_i = \sum_{j=1}^{3}\mu[\mu(\phi_j - \phi_i - \phi_{i,j}) - 2(\dot{\phi}_i - 2\pi v)] \tag{5.10}$$

$$\theta_i(t) = x_i + r_i\cos\phi_i \tag{5.11}$$

此 CPG 模型能够从任意初始条件收敛于一个极限环，对于振荡器 i，此极限环可以由如下方程描述：

$$\theta_i^{\infty}(t) = X_i + R_i\sin(2\pi vt + \phi_0 + \phi_{1,i}),\quad (i = 1,2,3) \tag{5.12}$$

其中，常数 ϕ_0取决于系统初始条件。通过大量的仿真实验，我们观察到对于不同的频率 v，相同的 α 对 CPG 过渡阶段的影响却有很大区别。参数 β 和 μ

也具有类似的结果。因此，为了获得更好的过渡阶段的性质，我们认为 α，β，μ 这三个结构参数的取值与频率相关。我们重新分析式（5.7）的单位阶跃响应：

$$y(t) = 1 - e^{-\omega t}(1 + \omega t) \tag{5.13}$$

且 $y(\infty) = \lim_{t\to\infty} y(t) = 1$。取系统的调整时间 t_s 作为性能指标，其定义为

$$|y(t) - y(\infty)| \leqslant y(\infty) \times \Delta\%, t \geqslant t_s \tag{5.14}$$

其中，$\Delta\%$ 是误差带。这里，我们取 $\Delta = 2$，有

$$e^{-\omega t_s}|1 + \omega t_s| = 2\% \tag{5.15}$$

于是，得

$$t_s \approx \frac{5.84}{\omega} \tag{5.16}$$

为了方便参数的选择，我们将式（5.16）得到的结果看作 CPG 模型中方程对任意初始条件的任意阶跃输入函数的相应的调整时间。将此结果应用于方程（5.8），我们得到 $t_s = \dfrac{5.84}{\alpha}$。

下面以振荡器 1 为例，来讨论参数 α 的选取。如图 5.3 所示，图（a）和图（d）中输出信号的波形能够平缓地过渡且无可见突变，但是调整时间较长；图（b）和图（e）中输出信号的波形能够较快地逼近期望状态，且波形突变较小；图（c）和图（f）中输出信号的波形能够更快地趋近期望状态，但是突变也更为明显。结合机器鱼实际控制经验，我们认为当 $t_s = 2T$ 时，即图 5.3（b）的选取也有类似的分析，如图 5.4 和图 5.5 所示。

如图 5.3 所示，实线表示信号 θ_1，虚线表示信号 θ_1 的振幅。对于所有的情况，相同的参数取值有 $X_1 = X_2 = X_3 = 0$，$\beta = 20$，$\phi_{1,2} = \phi_{1,3} = 0$，$\mu = 20$。

在图 5.3（d）和（e）图的情况下，输出信号分别比相同频率的其他情况下的输出信号表现出更好的过渡性质。在这两种情况下，信号能够快且平稳地逼近期望值，且波形突变较小能够接受。因此，我们取 $\alpha = 11.68v$。对于参数 β 和 μ 的选取也有类似的分析，如图 5.4 和图 5.5 所示。

综上所述，CPG 模型结构参数的取值如下：

$$\begin{aligned} \alpha &= 11.68v \\ \beta &= 11.68v \\ \mu &= 5.84v \end{aligned} \tag{5.17}$$

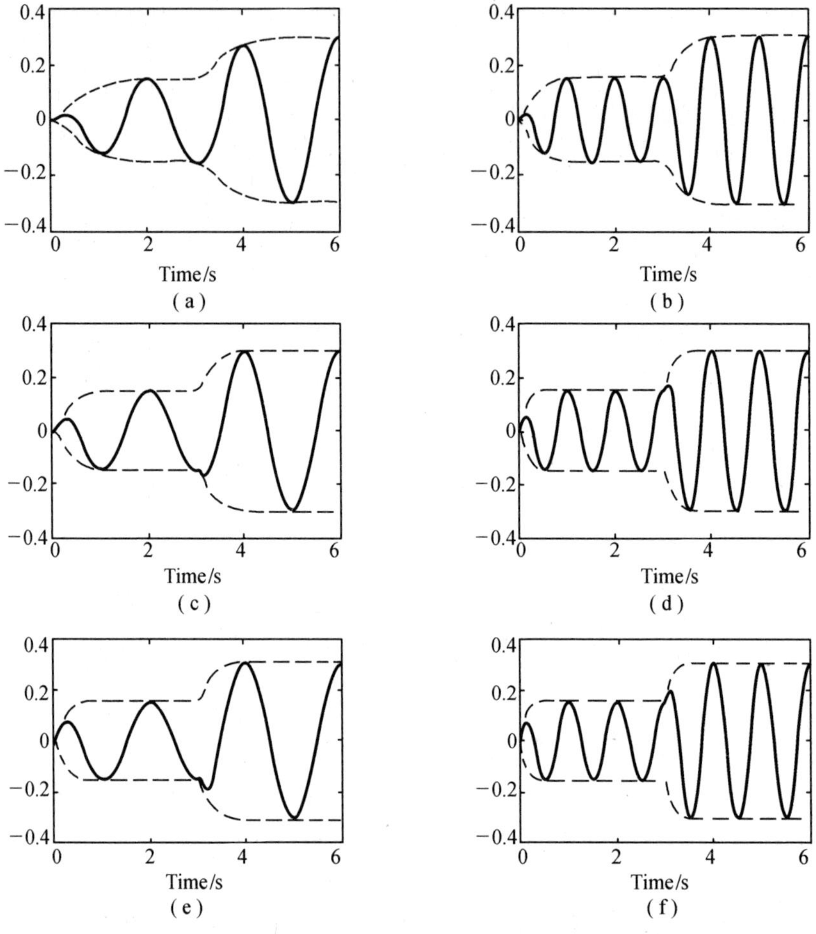

图 5.3　v 和 α 不相同时，振荡器 1 的输出信号图

(a) $v=0.5$ Hz，$\alpha=2.92$/s；(b) $v=1.0$ Hz，$\alpha=5.84$/s；(c) $v=0.5$ Hz，$\alpha=5.84$/s；(d) $v=1.0$ Hz，$\alpha=11.68$/s；(e) $v=0.5$ Hz，$\mu=8.76$/s；(f) $v=1.0$ Hz，$\alpha=17.52$/s

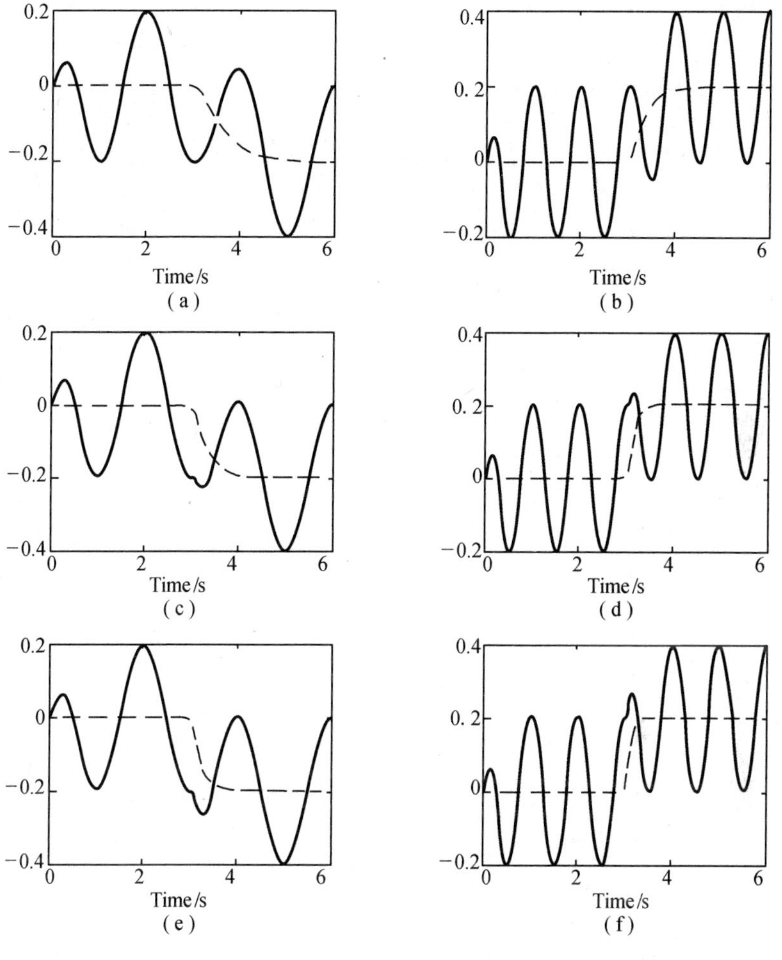

图 5.4　υ 和 β 不相同时，振荡器 1 的输出信号图

(a) $\upsilon=0.5$ Hz，$\beta=2.92$/s；(b) $\upsilon=1.0$ Hz，$\beta=5.84$/s；(c) $\upsilon=0.5$ Hz，$\beta=5.84$/s；(d) $\upsilon=1.0$ Hz，$\beta=11.68$/s；(e) $\upsilon=0.5$ Hz，$\beta=8.76$/s；(f) $\upsilon=1.0$ Hz，$\beta=17.52$/s

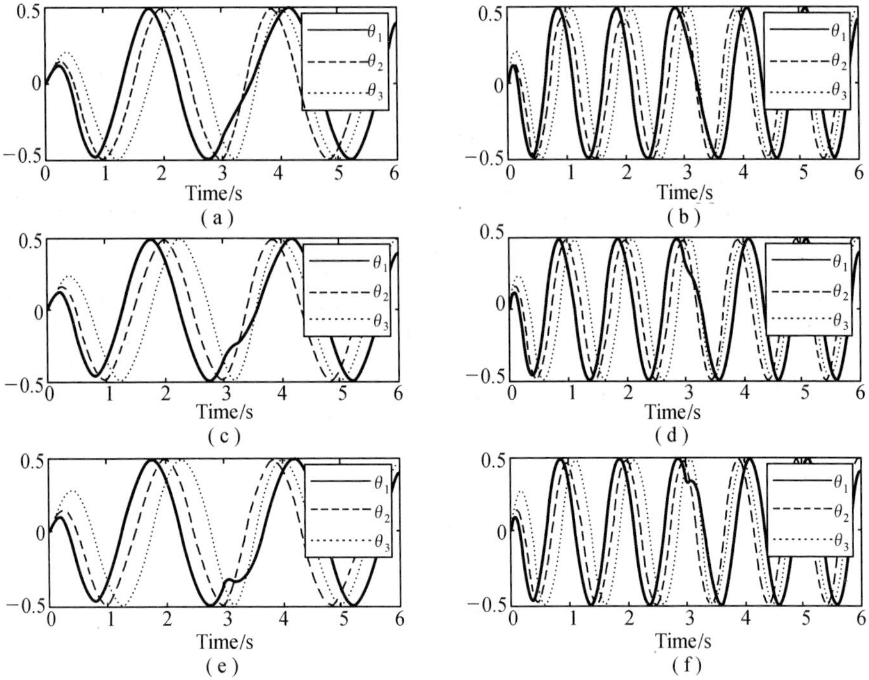

图 5.5　v 和 μ 不相同时，三个振荡器的输出信号图

(a) $v=0.5$ Hz，$\mu=2.19$/s；(b) $v=1.0$ Hz，$\mu=4.38$/s；(c) $v=0.5$ Hz，$\mu=2.92$/s；(d) $v=1.0$ Hz，$\mu=5.84$/s；(e) $v=0.5$ Hz，$\mu=4.38$/s；(f) $v=1.0$ Hz，$\mu=8.76$/s

在以上工作基础上，在应用方程式（5.8）、式（5.9）、式（5.10）、式（5.11）和式（5.17）所描述的 CPG 模型时，仅有四类参数（v，$\phi_{i,j}$，x_i，R_i）需要设置，以产生期望的推进机器鱼游动的行波。

3. 转换层

为了便于进行机器鱼的运动控制，我们提出了一个包含速度控制器和方向控制器的转换层，来简化控制命令。

（1）方向控制器

方向控制器用来控制机器鱼的运动方向，与所有振荡器的期望偏移 X_i 相关。因为振荡器的偏移导致了每个振荡器左右振幅不同，从而可能产生机器鱼的转向运动。我们采用这样一个简单的方向控制器：$X_i=X$（$i=1, 2$）和 $X_3=0$。从而将 X 作为运动方向控制的唯一命令。后一个方程是为了保证机器鱼具有足够的推进力。方向控制命令 $X>0$ 时表示右转，而 $X<0$ 时表示左转。

（2）速度控制器

机器鱼的运动速度（这里只考虑直游前进的速度）受频率 v、振幅、相位偏移 $iR_{i,j}\varphi$ 以及环境的共同影响。如果考虑所有的因素，速度控制器的设计将会非常困难。结合大量的实验，我们分析了当其他参数固定时，这些参数分别对速度的影响。我们发现，当其他参数固定的时候，运动的速度随频率的增加（在电动机性能指标允许范围之内）而单调增加。但是其他参数与运动速度的关系却表现出非单调的性质。因此，我们选择频率作为速度控制的唯一控制命令，并设计一个分段线性函数 $[R_i,\ \phi_{i,j}]=fspeed\ (v)$ 作为速度控制器。首先，我们在 [0.5 Hz，3.0 Hz] 范围内，以 0.25 Hz 为步长取频率点。对于固定的频率，以机器鱼运动速度为优化目标，用 PSO 方法优化（R_1，R_2，R_3，$\phi_{1,2}$，$\phi_{1,3}$）这 5 个参数。在对选取的各频率情况下优化的基础上，利用线性插值法来获得最终的速度控制器。通过此速度控制器，CPG 模型的控制输入参数（v，$\phi_{i,i}$，R_j）就可以通过单独的控制命令 v 获得，并且保证了此时机器鱼的速度接近该频率下的最快步态。

通过转换层，机器鱼的运动方向和运动速度能够分别通过调节控制命令 X 和 v 来实现。

APSO 算法如下：

$$v_{i,j}^{k+1}=\omega v_{i,j}^{k}+c_1r_{1,j}^{k}\ (p_{i,j}^{k}-x_{i,j}^{k})\ +c_2r_{2,j}^{k}\ (p_{g,j}^{k}-x_{i,j}^{k})$$

其中 ω 是惯性权重。在本书中，我们使用 10 个微粒。微粒 i 的状态空间是 5 维的（$R_{i,1}$，$R_{i,2}$，$R_{i,3}$，$\phi_{i1,2}$，$\phi_{i1,3}$），其中，$R_{i,1}$，$R_{i,2}$和 $R_{i,3}$ 分别表示机器鱼各关节的振幅，$\phi_{i1,2}$是关节 1 和关节 2 之间的相位偏移，$\phi_{i1,3}$是关节 1 和关节 3 之间的相位偏移。微粒的取值范围由机器鱼电动机的物理限制所决定。我们取 $c_1=1.8$，$c_2=2$ 来加速算法的搜索过程。变量 ω 取如下方程：

$$\omega=0.9-\frac{0.9}{N}\times n,\qquad n=1,\ 2,\ \cdots,\ N$$

其中，n 表示微粒群的迭代次数；N 表示最大迭代次数（这里我们取 $N=12$）。APSO 算法更详细的解释见第 6 章。直接将机器鱼的运动速度作为适应值（fitness）。由于机器鱼的运动涉及复杂的动力学，无法获得精确的仿真模型，因此也就无法获得精确的目标函数。我们基于多水下机器人协作实验系统，在实际机器鱼上实现 APSO 算法。为了更为精确，每个数据都采用 5 次实验的平均值。

采用上述 APSO 算法，我们以 0.25 Hz 为步长，选取［0.5 Hz，3.0 Hz］范围内的频率，在机器鱼上进行了一系列优化实验。

以频率为 2.5 Hz 时的优化实验为例，图 5.6 表示了每一次迭代的结果。所有粒子的平均适应值在第一代到第四代期间迅速地增长，然后缓慢但稳定地继续增长，直到第十代。第十代微粒群的最大适应值达到最优，为 38.2 cm/s（0.955 body lengths/s）。此时对应的解为（R_1，R_2，R_3，$\phi_{1,2}$，$\phi_{1,3}$）＝（0.42 rad，0.31 rad，0.40 rad，－0.70 rad，－1.41 rad）。通过上述 APSO 我们获得了频率 2.5 Hz 下机器鱼的高速步态。同样的，通过一系列的优化实验，我们获得了每个所选取的频率的最大速度以及对应的参数值。如表 5.1 和图 5.7 所示，当前频率下的最大速度随着频率的增加而增加，直到频率为 2.5 Hz 之后，由于频率过高时电动机的物理限制，最大速度开始呈减小趋势。机器鱼的最大速度为 38.2 cm/s（0.955 body lengths/s），是在频率为 2.5 Hz 时获得的。在这些工作的基础上，我们能够得到转换层中的速度控制器。

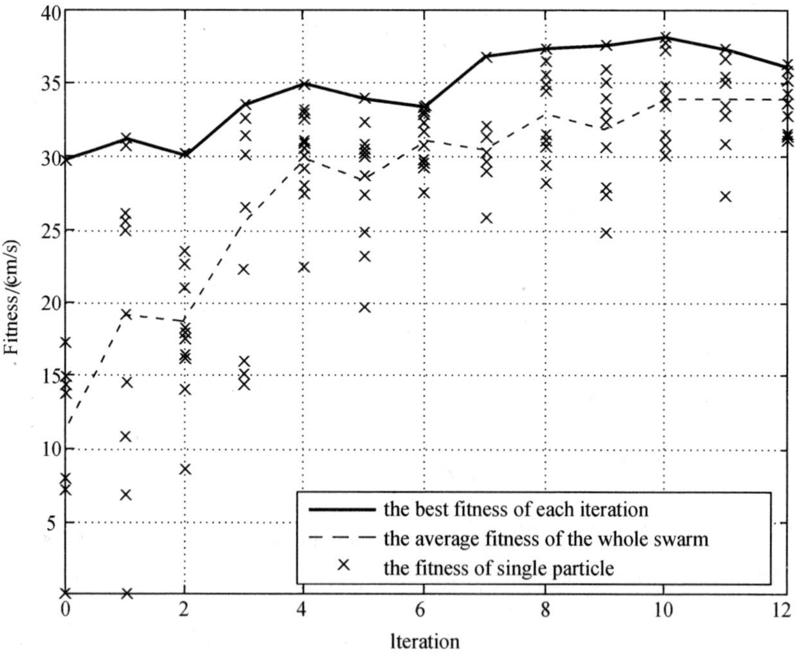

图 5.6　频率为 2.5 Hz 时的优化结果示意图

表 5.1　优化结果

v/Hz	*Speed*/（cm/s）	R_1/rad	R_2/rad	R_3/rad	$\phi_{1,2}$/rad	$\phi_{1,3}$/rad
0.5	18.4	0.84	1.01	0.31	1.33	1.85
0.75	29.3	1.40	1.43	0.47	1.48	2.25
1.0	32.2	0.96	1.29	0.91	1.31	2.62
1.25	33.1	0.73	0.77	0.96	0.66	2.18
1.5	34.7	0.61	0.70	0.87	0.54	1.64
1.75	37.1	0.52	0.66	0.79	0.80	1.54
2.0	37.6	0.52	0.59	0.63	0.44	1.52
2.25	38.1	0.40	0.45	0.42	0.56	1.50
2.5	38.2	0.42	0.31	0.40	0.70	1.41
2.75	37.4	0.31	0.35	0.33	0.59	1.27
3.0	35.7	0.24	0.28	0.33	0.68	1.33

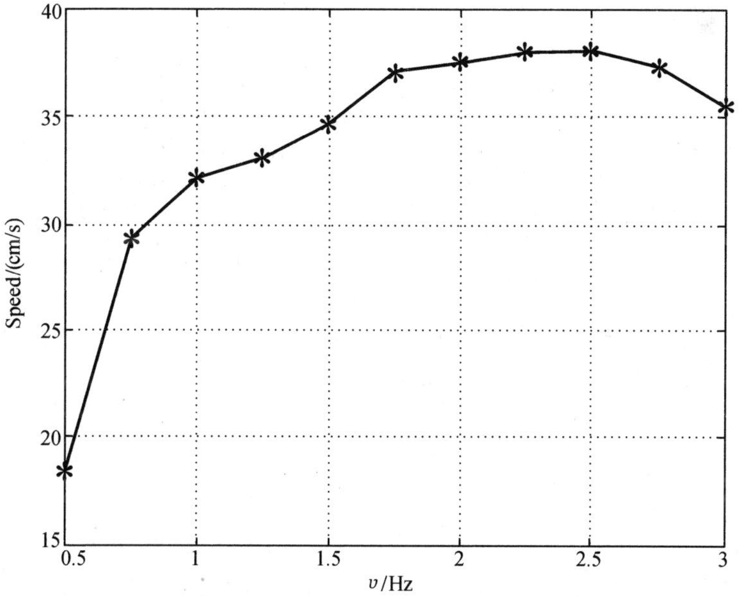

图 5.7　优化结果示意图

5.4 数值仿真

我们通过一些数值仿真，来验证提出的基于 CPG 的运动控制结构的性质。

1. 与 Ijspeert 的 CPG 模型对比

在期望相位偏移变化的情况下，与 Ijspeert 的 CPG 模型进行对比，如图 5.8 所示。为了便于比较，设置合适的模型参数，使得 Ijspeert 模型与我们的模型具有相同的频率（1 Hz）、振幅（0.5 rad）和调整时间（约 1 s）。也就是说，对我们的模型取 $\upsilon = 1.0$ Hz，$R_i = 0.5$ rad，$X_i = 0$，对 Ijspeert 的模型取 $\omega_i = 2\pi$ rad/s，$R_i = 0.5$ rad，$X_i = 0$，$a_r = a_x = 20$ rad/s（$i = 1, 2, 3$）和 $w_{i,j} = 5/\mathrm{s}$（$i \neq j$）。分别在 3 s 和 2.92 s 时，相位偏移（$\phi_{1,2}$，$\phi_{1,3}$）从（−0.7 rad，−1.6 rad）变为（1.2 rad，0.7 rad），变化时间的区别是为了保证变化发生在波形相同的位置以便于比较。从图 5.8 中可以明显看出，当相位偏移变化时，两个模型都能够快且平稳地逼近新的极限环。

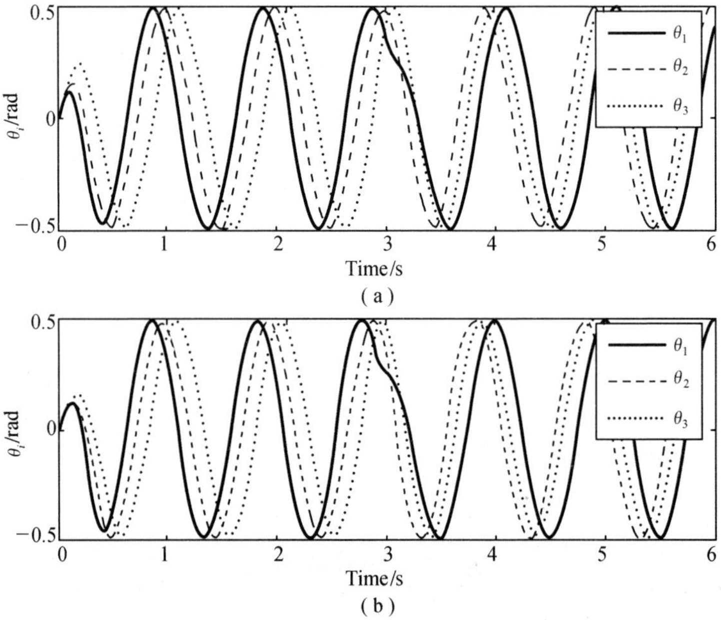

图 5.8 与 Ijspeert 的 CPG 模型对比图

（a）我们的 CPG 模型；（b）Ijspeert CPG 模型

2. 频率变化

图 5.9 表示了频率变化时，CPG 模型输出波形的性质。实验中，我们取 $R_i=0.5$ rad，$X_i=0$（$i=1, 2, 3$），$\phi_{1,3}$，$\phi_{1,2}=$（-0.7 rad，-1.6 rad）。当频率按图 5.9 中曲线变化时，输出信号会相应地平滑变化。

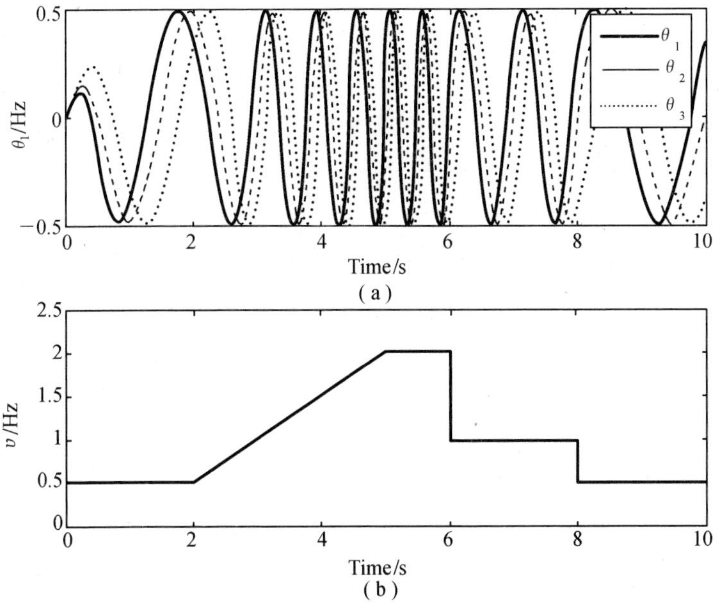

图 5.9 频率变化时 CPG 模型的输出示意图

(a) 输出信号；(b) 输入信号

3. 运动行为的变化

机器鱼的运动行为可以分为三类：

（1）Swimming forwards：$-\pi\leqslant\phi_{i,j}\leqslant 0$（$i<j$），此时 CPG 模型产生从机器鱼头向尾部传播的行波，推动机器鱼前进；

（2）Swimming backwards：$0\leqslant\phi_{i,j}\leqslant\pi$（$i<j$），此时 CPG 模型产生从机器鱼尾向头部传播的行波，考虑到机器鱼的机械结构，取 $R_i>R_j$（$i<j$）；

（3）Turning：$X_i\neq 0$，机器鱼转弯。当 $X_i>0$ 时，机器鱼右转，当 $X_i<0$ 时，机器鱼左转。

基于上述分类，我们选取四个典型运动行为组成的序列来检测 CPG 模型的性质：Swimming Forwards Slow（$0\leqslant t\leqslant 4$ s），Swimming Forwards Fast（4 s$\leqslant t\leqslant$8 s），Turning Right Sharp（8 s$\leqslant t\leqslant$12 s），Turning Left Gentle（12 s$\leqslant t\leqslant$16 s）。我们通

过改变参数 υ，$\phi_{i,i}$，X_i，R_j 来改变运动行为。尽管这些参数都是不连续变化的，但振荡器的输出仍然具有连续平滑的性质，如图 5.10 所示。

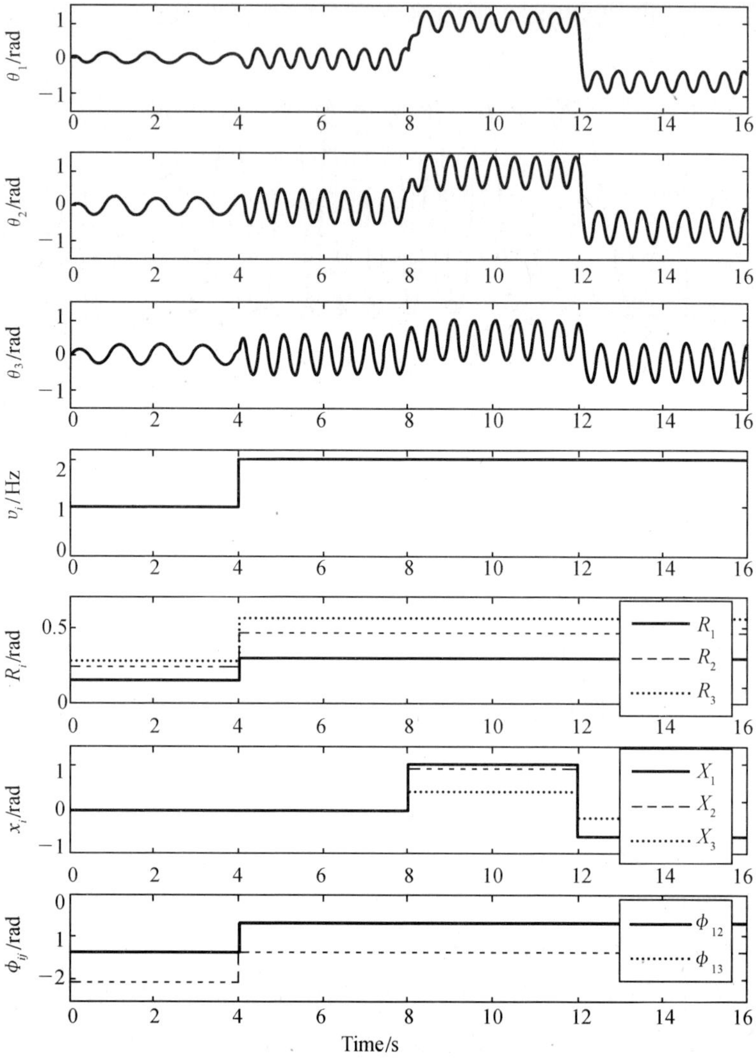

图 5.10　运动行为的变化曲线图

5.5 实体机器鱼实验

1. 速度控制

机器鱼直游前进步态如图 5.11 所示，此时速度控制命令和方向控制命令分别为 $v=1.0$ Hz，$X=0$。CPG 模型的具体控制参数由转换层获得。

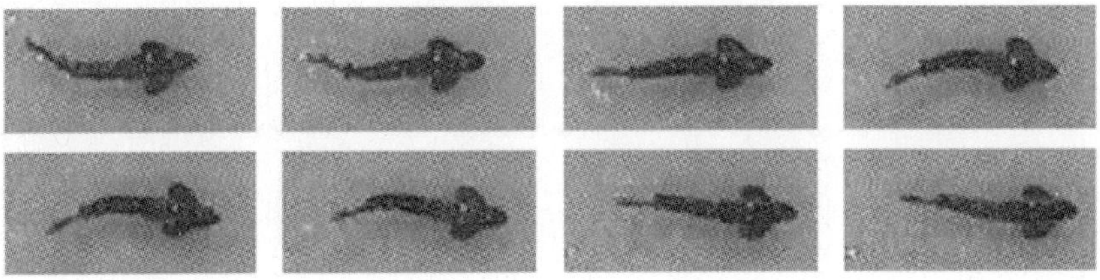

图 5.11 机器鱼直游前进，拍照间隔 0.125 s（从左到右，从上到下）

2. 方向控制

当控制命令 $X \neq 0$ 时，机器鱼会沿着圆形轨迹游动。以圆形轨迹半径的倒数作为机器鱼转弯性能的指标，实验结果如图 5.12 所示。随着控制命令绝对

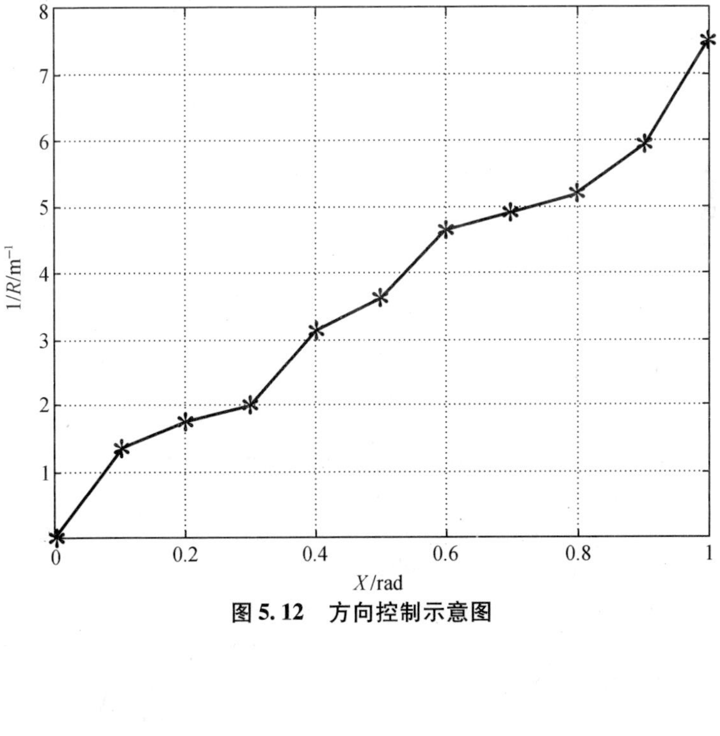

图 5.12 方向控制示意图

值的增加，转弯半径单调增加。图 5.13 展示了速度控制命令和方向控制命令分别为 $v=1.0$ Hz，$X=-0.5$ rad 时机器鱼的步态。此时机器鱼重心的轨迹如图 5.14 所示。

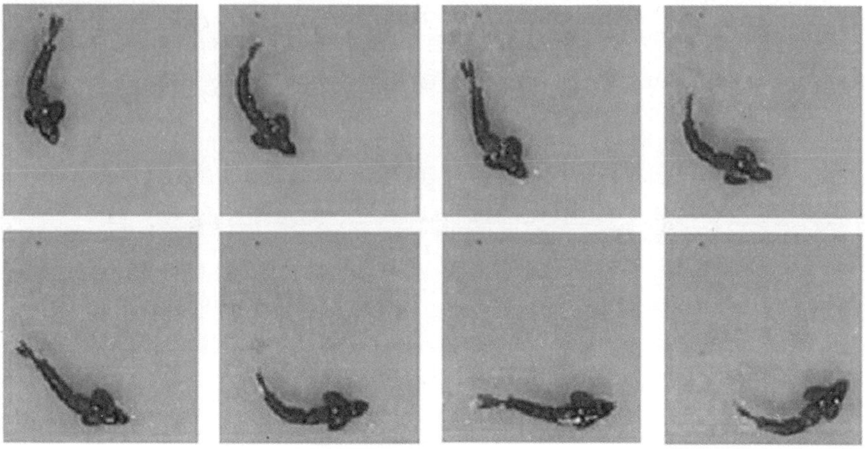

图 5.13　机器鱼左转，拍照间隔 0.5 s（从左到右，从上到下）

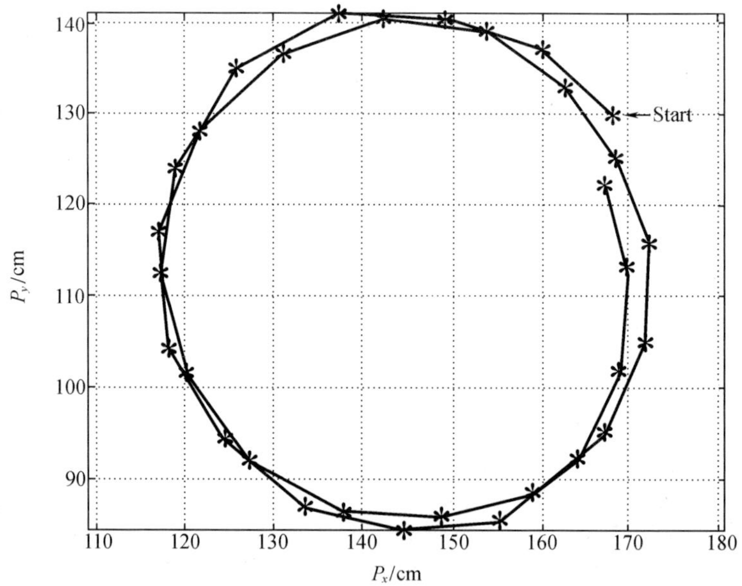

图 5.14　机器鱼左转时重心的轨迹，
每隔 0.4 s 取一次重心位置

5.6 总　　结

基于 CPG 模型和 PSO 算法，我们提出了用于机器鱼的运动控制方法。我们的 CPG 模型是一个由耦合线性振荡器构成的系统。线性微分振荡器的使用使得 CPG 模型便于应用。关于运动的物理量在 CPG 模型中已明确地表示出来，便于控制。基于频率而确定的结构参数使得模型能够获得更好的动态性能。最后，通过大量的仿真和实际实验验证了此方法具有较好的运动性能。

思考与习题

5-1　结合书中内容，谈谈你对 CPG 的理解。

5-2　改变相关参数，运用 PSO 算法进行参数优化。

参考文献

［1］喻俊志. 多仿生机器鱼控制与协调研究［D］. 北京：中国科学院自动化研究所，2003.

［2］Reynolds C, Flocks. Birds and schools: a distributed behavioral model［J］. Computer Graphics, 1987, 21: 25-34.

［3］Vicsek T, Cziróok A, Ben-Jacob E, et al. Novel type of phase transition in a system of self-driven particles［J］. Physical Review Letters, 1995, 75(6): 1226-1229.

［4］Jadbabaie A, Lin J, Morse A S. Coordination of groups of mobile autonomous agents using nearest neighbor rules［J］. IEEE Trans. Automat. Contr, 2003, 48(6): 988-1001.

［5］Gazi V, Passino K M. Stability Analysis of swarms［J］. IEEE Trans. Automat. Contr, 2003, 48(4): 692-697.

［6］Gazi V, Passino K M. Stability Analysis of Social Foraging Swarms［J］. IEEE Trans. System, Man and Cybernetics-B, 2004, 34(1): 539-557

[7] Liu Y,Passino K M. Stable Social Foraging Swarms in a Noisy Environment[J]. IEEE Trans. Automat Contr,2004,49(1):30－44.

[8] Gazi V,Passino K M. A Class of Attraction/Repulsion Functions for Stable Swarm Aggregations[J]. International Journal of Control,2004,77(18): 1567－1579.

[9] Olfati－Saber R,Murray R M. Consensus. Problems in Networks of Agents with Switching Topology and Time－delays[J]. IEEE Trans. Automat. Contr. 2004,49(9): 1520－1533.

[10] Ren W, Beard R. Consensus seeking in multi－agent systems under dynamically changing interaction topologies[J]. IEEE Trans. on Automatic Control,2005,50: 655－661.

[11] 程代展,陈翰馥. 从群集到社会性行为控制[J]. 科技导报(复杂性科学研究专题),2004,8: 427.

[12] Lin Peng,Jia Yingmin. Average consensus in networks of multi－agents with both switching topology and coupling time－delay[J]. Physica A,2008,387(1): 303－313.

[13] Hong Yiguang,Gao Lixin,Cheng Daizhan,et al. Lyapunov－based approach to multiagent systems with switching jointly connected interconnection[J]. IEEE Transactions on Automatic Control,2007,52(5): 943－948.

[14] Shi Hong,Wang Long,Chu Tianguang. Virtual leader approach to coordinated control of multiple mobile agents with asymmetric interactions[J]. Physica D, 2006,213(1): 51－65.

[15] Mu Shumei,Chu Tianguang,Wang Long. Coordinated collective motion in a motile particle group with a leader[J]. Physica A,2005,351(2/4): 211－226.

[16] Xie G. Consensus Control for a class of Networks of Dynamic Agents[J]. International Journal of Robust and Nonlinear Control,2007,17(10/11):941－959.

[17] Conradt L,Rope T J r. Group decision－making in animals[J]. Nature,2003, 421: 155－158.

[18] Ward A J W. Quorum decision－making facilitates information transfer in fish shoals[J]. PNAS,2008,105(19): 6948－6953.

[19] Halloy J. Social Integration of Robots into Groups of Cockroaches to Control Self－Organized Choices[J]. Science,2007,318(16): 1155.

[20] Shao J, Wang L, Yu J. Development of an artificial fish – like robot and its application in cooperative transportation[J]. Control Engineering Practice, 2008, 16(5): 569 – 584.

[21] Shao J, Wang L, Yu J. Development of multiple robotic fish cooperation platform [J]. International Journal of Systems Science, 2007, 38(3): 257 – 268.

[22] Sfakiotakis M, Lane D M, Davies J B C. Review of fish swimming modes for aquatic locomotion[J]. IEEE Journal of Oceanic Engineering, 1999, 24(2): 237 – 252.

[23] Ijspeert A J, Hallam J, Willshaw D. Evolving swimming controllers for a simulated lamprey with inspiration from neurobiology[J]. Adaptive Behavior, 1999, 7(2): 151 – 172.

[24] Ijspeert A J, Crespi A, Ryczko D, et al. From swimming to walking with a salamander robot driven by a spinal cord model[J]. Science, 2007, 315: 1416 – 1420.

[25] Triantafyllou M S, Triantafyllou G S. An efficient swimming machine[J]. Scientific American, 1995, 272: 64 – 70.

[26] Crespi A, Lachat D, Pasquier A, et al. Controlling swimming and crawling in a fish robot using a central pattern generator[J]. Autonomous Robots, 2008, 25 (1/2): 3 – 13.

[27] McIsaac K, Ostrowski J. Motion planning for anguilliform locomotion[J]. IEEE Transactions on Robotics and Automation, 2003, 19(4): 637 – 625.

[28] Low K H. Mechatronics and buoyancy implementation of robotic fish swimming with modular fin mechanisms[J]. Proceedings of the Institution of Mechanical Engineers, Part I: Journal of Systems and Control Engineering, 2007, 221(3): 295 – 309.

[29] Ijspeert A J. Central pattern generators for locomotion control in animals and robots: A review[J]. Neural Networks, 2008, 21(4): 642 – 653.

[30] Delcomyn F. Neural basis for rhythmic behaviour in animals[J]. Science, 1980, 210: 492 – 498.

[31] Kimura H, Fukuoka Y, Cohen A H. Adaptive dynamic walking of a quadruped robot on natural ground based on biological concepts[J]. The international

Journal of Robotics Research,2007,26(5): 475 -490.

[32] Crespi A, Ijspeert A J. Online optimization of swimming and crawling in an amphibious snake robot[J]. IEEE Transactions on Robotics,2008,24(1): 75 -87.

[33] Reynolds C. Flocks, herds, and schools: A distributed behavioral model[J]. Computer Graphics,1987,21(4): 25 -34.

[34] Bourquin Y. Self - organization of locomotion in modular robots [D]. Department of Informatics: University of Sussex, Brighton, U. K. ,2005.

第 6 章　机器鱼的速度优化

6.1 引　　言

6.1.1 概述

鱼类经过几亿年进化出了非凡的水中运动能力。普通鱼类的游动推进效率可达 80% 以上，鲹科鱼类的推进效率超过 90%，而普通的推进器的平均效率只有 40% ~50%。鱼类可迅速地以只有 0.1 ~0.3 倍体长为转弯半径来变换行进方向，而一般船舶须以 3 ~5 倍体长的半径缓慢地回转。这些都表明鱼类的运动性能远远高于现有的螺旋桨推进器，正是鱼类的这种高效、快速、机动灵活的水下推进方式，吸引着研究人员将更多的注意力集中于仿生机器鱼的研究中。我们实验室在国内外研究的基础上，成功研究出了多关节仿鲹科机器鱼、模块化机器鱼、自主机器鱼和仿生机器海豚等。

机器人技术作为 20 世纪人类最伟大的发明之一，自 20 世纪 60 年代初问世以来，经历 40 年的发展已取得长足的进步。工业机器人在经历了诞生一成长一成熟期后，已成为制造业中不可缺少的核心装备，世界上约有 75 万台工业机器人正与工人朋友们并肩战斗在各条战线上。特种机器人作为机器人家族的后起之秀，由于其用途广泛而发展迅速，人形机器人、农业机器人、服务机器人、水下机器人、医疗机器人、军用机器人及娱乐机器人等各种用途的特种机器人纷纷面世，而且正以飞快的速度向实用化迈进。机器人的发明主要是为了替人们做那些人类干不了、干不好或者不愿干的工作，从而提高社会的生产水平和人类的生活质量。既然为了工作而诞生，机器人就必需有一定的工作能力。服务机器人可以为您服务、保洁保安；水下机器人可以帮助打捞沉船、铺设电缆；工程机器人可以上山入地、开洞筑路；农业机器人可以耕耘播种、施肥除虫；军用机器人可以冲锋陷阵、排雷、排弹等。随着人们对机器人的要求越来越高，如何才能够让机器人更快、更好、更省地完成相关工作，各种优化问题随之而来。机器人优化设计、路径规划、运动规划、多机器人协作优化等也成为研究的热点方向。

1. 机器鱼速度优化的方法

鱼类有着非凡的水中运动能力，具有高效、快速、机动灵活的水下推进方式。近年来，随着仿生技术和机器人技术的发展，仿生机器鱼研发及其运动控制研究成为一个重要的研究方向。仿生机器鱼无论从推进机理上还是从实现形式上都完全不同于传统的螺旋桨推进技术，兼具快速性和高效性。从推进效果上来看，游动速度是仿生机器鱼的一项重要技术指标，优化机器鱼的运动控制是提高机器鱼运动性能的基本方法之一。

（1）探索机器鱼游动速度极限

直游速度是机器鱼的重要性能指标之一，由于水动力学的复杂性和水波等影响，机器鱼的运动模型非常复杂，很难通过建模分析其游动速度和控制参数的解析关系。本书将智能算法应用到机器鱼的参数优化中，通过优化得到了机器鱼的最大速度，探索了机器鱼直游速度极限。

（2）加入速度控制器，简化了机器鱼运动控制

研究发现，机器鱼的运动速度受频率、振幅、相位偏移及水下环境的共同影响，如果考虑所有的因素，速度控制器的设计将会非常困难。结合大量的实验和分析，发现当其他参数固定的时候，运动的速度随频率的增加（在电动机性能指标允许范围之内）而单调增加，但是其他参数与运动速度的关系却表现出非单调的性质。因此，本书选择频率作为速度控制的唯一控制命令，设计了一个分段线性函数作为转换层速度控制器，并通过 PSO 算法优化其他参数，保证了机器鱼的速度接近该频率下的最快步态。

（3）机器鱼水球比赛更具优势

将得到的最大速度应用到机器鱼水球比赛中，使机器鱼在追球的过程中，有着明显的速度优势。实验表明，无论是在进攻端还是防守端，速度较快的一方都能有更大的机会控制球，从而在比赛中拥有主动权。

（4）丰富了机器鱼水球比赛的策略

通过最小速度优化，发现机器鱼可以以较快的速度倒游，将其应用于机器鱼水球比赛中，可根据水球场上具体情况选择不同的游动模态，丰富其比赛策略。

（5）将智能算法应用于仿生机器鱼中

鱼类的游动涉及复杂的流体力学问题，相应的水动力学模型尚不完善，很

难建立机器鱼“控制参数－游动速度”的模型，因而，要想从其控制参数中直接分析得到其运动速度是比较困难的。本书首次将微粒群算法应用于仿生机器鱼的速度优化，并得出了其最优速度，给机器鱼水球比赛仿真平台设计提供了数据依据，同时也给解决机器鱼参数优化、建模等问题提供了一种新的思路。

2. 机器鱼速度优化现状

近年来，随着对机器人研究的深入，以及各种机器人比赛的推广，机器人速度优化也成为机器人技术主要研究方向之一。

对于地面机器人而言，主要通过优化其运动步态来优化其行走速度。地面机器人一般都能建立起精确的运动学模型，对其运动学模型进行优化，便可以得到理想情况下，机器人的最优运动模态。比如六足机器人、四足机器人、两足机器人、轮式机器人等。

相对于地面机器人而言，水下机器人由于受到水环境等因素的影响，难以建立精确的运动学模型，对其速度优化研究相对较少。

6.1.2 影响机器鱼游动性能的参数

直游速度是机器鱼的重要性能指标之一。对于机器鱼而言，影响机器鱼游动性能的形体参数主要有以下几个。

（1）摆动部分长度占身体总长的比例（R_l）

根据 R_l 的不同取值，可将鱼类分为鳗鲡科、鲹科、亚鲹科、鲔形科等。一般来说，随着 R_l 的减小，鱼类的游动效率和游动速度会增加，但机动性能会降低。

（2）摆动部位的简化关节数 N

摆动关节数 N 越多，鱼体的柔性越大，其游动灵活性越高，但其游动效率越低。随着 R_l 的减小，N 随之减小，其身体的刚性增加，游动效率增加，身体灵活性降低。考虑到机电系统的结构和尺寸约束，以及在多关节串联情况下容易出现大误差累积，N 也并非越大越好。设计过程中需要考虑机器鱼的总体尺寸、所要求的性能以及机电系统的精度等因素。

（3）摆动部分各个关节之间的长度比 $l_1:l_2:\cdots:l_N$

在关节长度 $l_i(i=1,2,\cdots,N)$ 相对较短的部位，关节密集度较高，此处柔性比较大，可以产生较大角度的摆动。多数鱼类沿着头尾轴的方向其关节长度比例越来越小，其摆动幅度由前向后却逐渐增加，在尾柄处达到最大。

（4）尾鳍形状

尾鳍的形状与身体的游动特征密切相关。一般来说，R_l 越大，主要由身体波产生推进力，尾鳍的形状主要用来调节机动性能，因此，尾鳍柔性较高，多成半圆形或梯形。R_l 越小，尾鳍在摆动时产生的推进力越大，同时其尾鳍的刚性越大。凡游动快速而又作长距离洄游的鱼类，尾鳍多呈新月形或叉形，且尾柄较狭细而有力，如金枪鱼、鲐鱼、鲅鱼等。

对于硬件结构固定的仿生机器鱼（见图 6.1），参数选择是影响机器鱼直游速度的主要因素，具体的控制参数包括关节电机频率、各关节的摆幅以及关节间的相位关系。

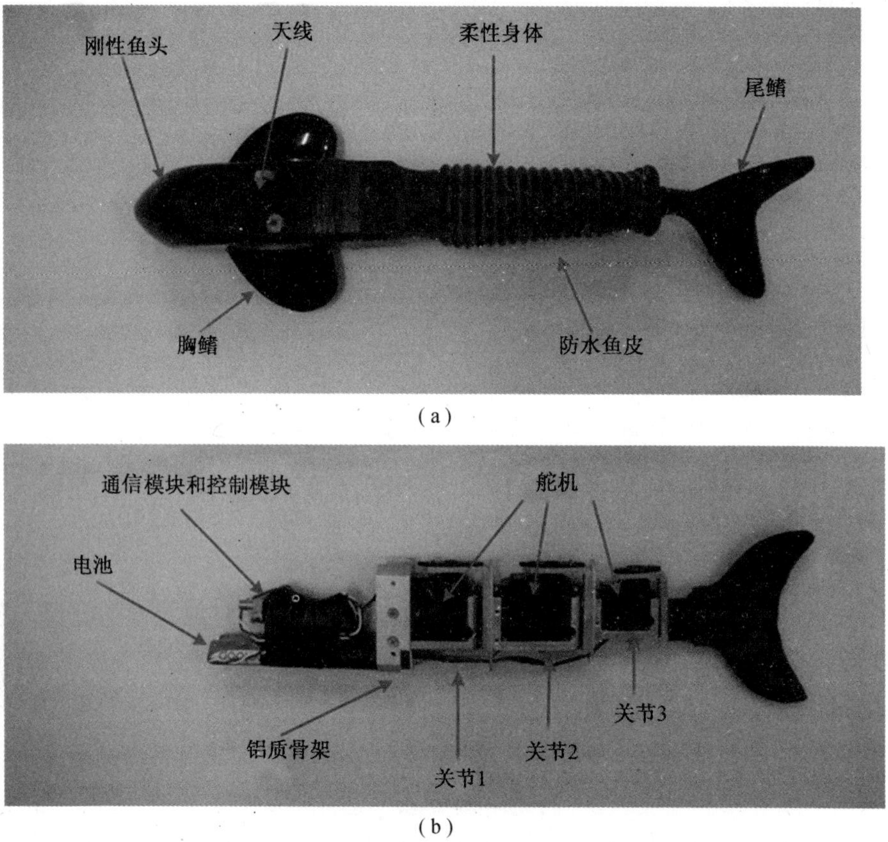

图 6.1　仿生机器鱼结构图

（a）机器鱼外形（俯视图）；（b）机器鱼的内部结构

由于水环境复杂，很难通过建模分析速度和上述参数的关系，因此选用优化算法，以机器鱼直游速度为优化目标，通过对控制参数的优化，获得机器鱼的最大直游速度。本章以仿生学、机器人学和群智能算法为基础，以多关节仿鲹科机器鱼为研究对象，将微粒群算法应用于多关节仿生机器鱼的速度优化中，并在速度优化的基础上，研究了各参数对机器鱼的速度影响。

6.2 机器鱼速度优化实验平台简介

6.2.1 引言

机器鱼速度优化实验平台，主要用来获取机器鱼在特定参数下的游动速度。实验平台主要包括硬件平台和软件平台，其中软件平台又分为控制平台和测速平台。速度测量时，通过“水下仿生机器鱼多功能控制台”对机器鱼参数进行设置并控制其游动，同时通过“多水下机器人协作系统”在线获取机器鱼动态位姿信息，计算出其游动速度，并采用多次测量结果取其均值，以减小测量误差。

6.2.2 硬件平台简介

如图6.2所示，机器鱼速度优化硬件体系主要由水池、上位机、全局CCD摄像头和一个半双工的无线通信模块构成。水池给机器鱼提供游动区域，实验室水池尺寸为3 m×2 m，即在实验过程中，机器鱼就被限制在这样大小的一个水域内游动。CCD摄像头负责以图像形式实时采集水池环境信息和机器鱼状态信息，并通过数据线传送给上位机。上位机把CCD采集到的实时图像信息进行处理和识别，从而获得机器鱼的实时位姿信息。通过无线通信模块，上位机能够发送控制命令来对机器鱼的运动进行控制，同时接收机器鱼的反馈信号。

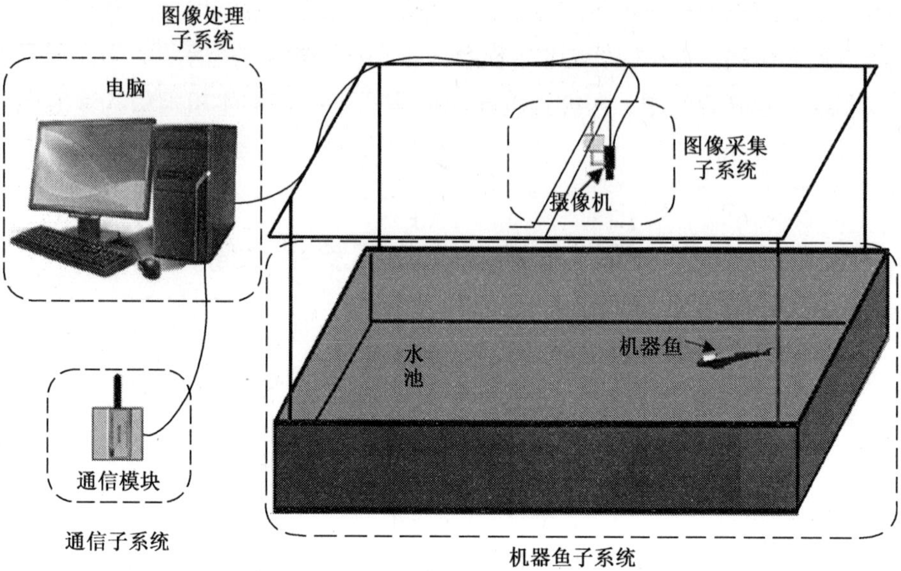

图 6.2　硬件平台体系结构图

6.2.3　软件平台简介

机器鱼测速系统软件结构如图 6.3 所示。软件体系由图形用户界面（Graphical User Interface，GUI）子模块、机器鱼子模块、图像采集和处理子模块、通信子模块四个模块构成。通过 GUI 模块，用户可以输入机器鱼的控制命令以及运动参数。这些信号通过通信模块传送给机器鱼。图像采集和处理模块将实时图像信息转化为机器鱼的位姿信息和所需要的环境信息。图像和信息都可以实时显示在用户界面上，并具有保存视频和存储信息等功能，实验中，就是利用该系统实时捕捉机器鱼位姿信息，计算出其速度并保存，便于读取备用。

1. 机器鱼控制平台简介

机器鱼运动参数设置和控制采用“水下仿生机器鱼多功能控制台”，如图 6.4 所示，该控制台可以完成对仿生机器鱼的基本控制、高级控制、关节调直、参数设置及模式设置等多种功能控制。

基本控制主要是完成对机器鱼基本的加速、减速控制，转弯控制等功能，

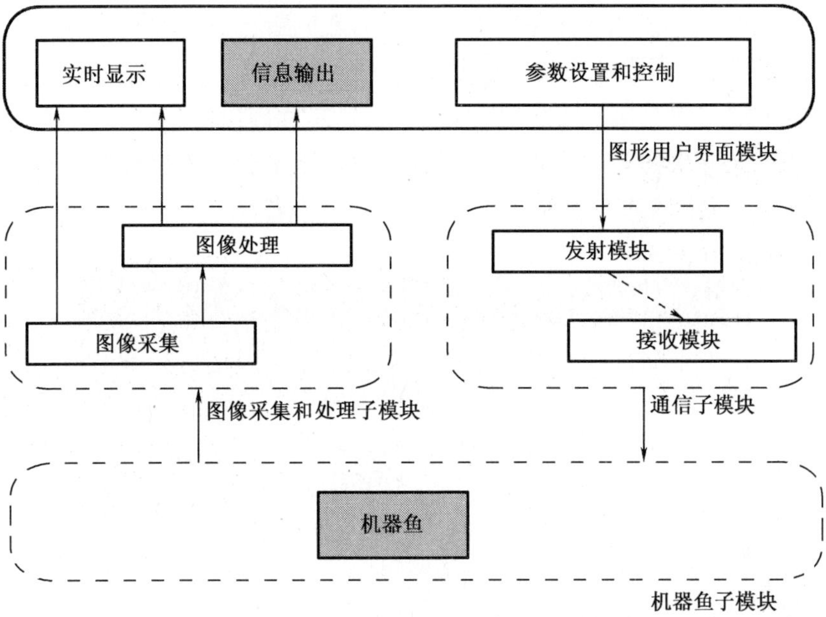

图 6.3　机器鱼测速系统软件结构图

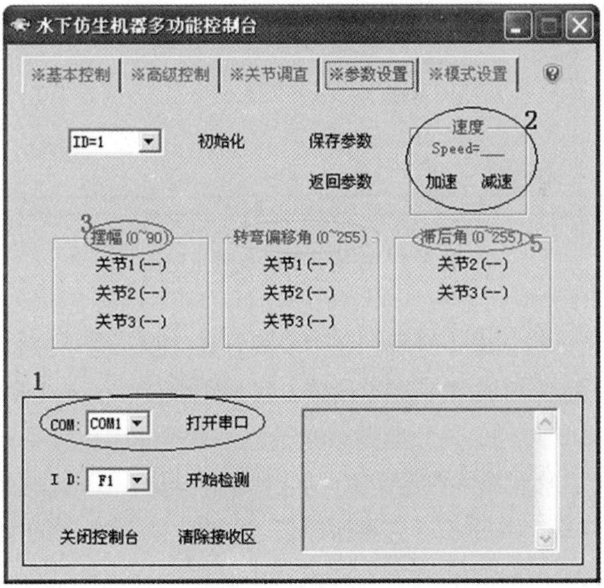

图 6.4　仿生机器鱼多功能控制台示意图

不能确定机器鱼状态参数。

高级控制主要完成通信频率更改（包括主机通信模块频率和机器鱼自身通信模块频率），更改鱼的 ID 号等功能。

关节调直主要是用于校准初始状态下每个关节的中间位置。

参数设置主要是对机器鱼三个关节的参数进行设定，包括电机频率、期望振幅、转弯偏移角和期望相位差（滞后角）。其设置界面如图 6.5 所示。

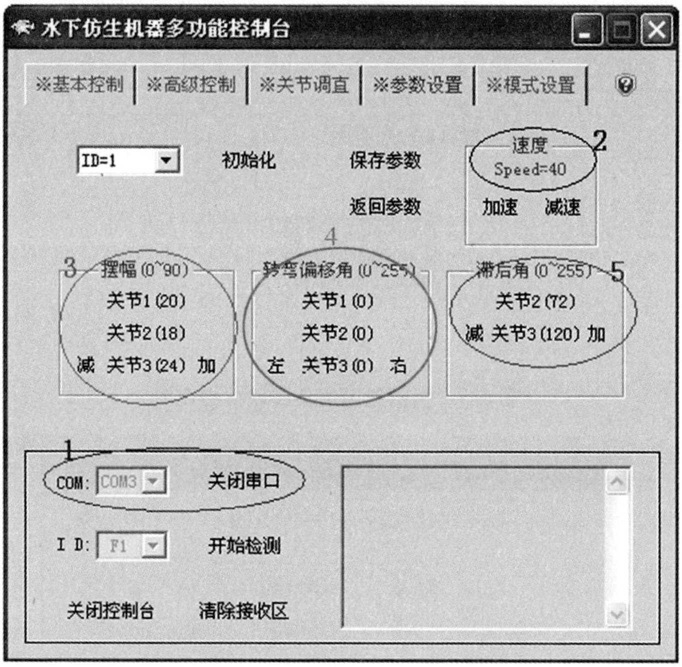

图 6.5　控制台参数设置示例图

在图 6.5 中，标记框 1 为串口端口及其开关控制，用于控制计算机通信串口的开与关；标记框 2 为电机频率设置，其采用改变 T_speed 来改变电机的运转周期；标记框 3 为三个关节期望振幅设置，不考虑电机频率对摆幅限制时，其最大值是 90°；标记框 4 为三个关节期望偏移设置，机器鱼直游时，三个关节期望偏移均为 0°；标记框 5 为期望相位差设置，关节 2 指的是关节 2 对关节 1 的相位差，关节 3 指的是关节 3 对关节 1 的相位差。比如 $\{T\_speed, R_1, R_2, R_3, \phi_{1,2}, \phi_{1,3}\} = \{40, 20, 18, 24, 72, 120\}$，设置后，如图 6.6 所示。

参数设置好以后，主机便可通过无线通信模块将指令和参数发送至机器鱼，使三个关节按照给定参数摆动，产生行波，推动机器鱼前进（或后退）。

2. 多水下机器人协作控制系统平台简介

多水下机器人协作控制系统（MURobotSys）是机器鱼水球比赛指定专用平台，主要有图像采集、图像处理、图像识别及协作策略等功能，其主界面如图 6. 6 所示。

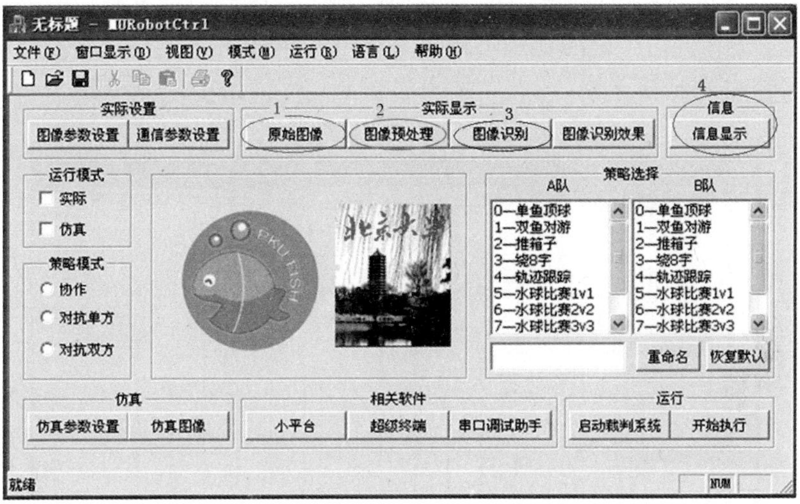

图 6. 6　多水下机器人协作控制系统主界面

MURobotSys 一旦开始运行，就会以 40 ms 为周期，循环执行，从而保证 MURobotSys 的实时性，下面简单介绍其保存机器鱼位置、速度和加速度等信息部分的工作原理。

MURobotSys 开始运行时，首先会得到摄像头采集到的实时图像，并将其显示在用户界面的“原始图像”窗口中。对此时的图像，系统仅仅按照用户预先设置的图像参数进行了显示范围的截取，以及图像整体色调、亮度、饱和度的调整，而并未作进一步处理。因此，将此时的图像称为“原始图像”。

MURobotSys 会对原始图像进行一系列的处理，以保证处理后图像更易于被识别，同时，处理的结果会显示在用户界面的“图像预处理”窗口（图 6. 6 中框 2 所示）。由于图像还需要进一步处理而识别出有用的信息，我们称这一步为“图像预处理”，相应的，此时的图像称为“预处理后的图像”。

MURobotSys 通过一系列的算法，对处理后的图像进行二次处理，主要通过颜色特征，结合用户预先设置的颜色阈值，识别出所需要的颜色块的位置和大小。继而根据用户设置的鱼、球以及障碍物的颜色搭配（即哪两种颜色代表几号鱼、哪种颜色代表球、哪种颜色代表障碍物等）识别出鱼、球和障碍物的位置（统称为“环境信息”）。这一步称为“图像识别”。图像识别之后的结果会显示在用户界面的“图像识别”窗口（图6.6中框3所示）。此时的图像已经去除了无用部分，仅显示需要的各种环境信息。显然，由于MURobotSys的周期性，根据前后时刻的位置，很容易得到速度、加速度等信息。这些信息通过“信息显示”窗口（图6.6中框4所示）存储到指定文件中，如图6.7所示。

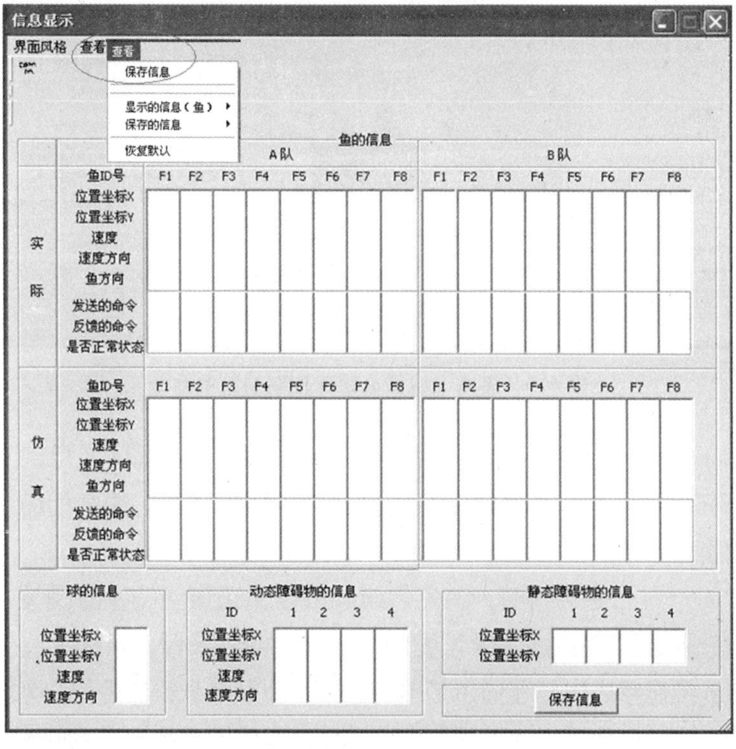

图6.7　信息显示界面示意图

图6.7显示了系统能够记录并保存的机器鱼的相应信息。在机器鱼测速实验中，主要用到的是速度信息，经过有选择的输出，单击图6.7中“查看”—“保存信息”，即可将机器鱼实时信息保存在指定文件V.txt中。由于程序默认每40 ms保存一次信息，根据机器鱼的速度情况，可设置速度输出时

间，即可以每 n 个 40 ms 输出一次，输出值取这期间 n 个数据的均值。其输出格式如图 6.8 所示，其中 n 取 10，测速单位为 cm/s。

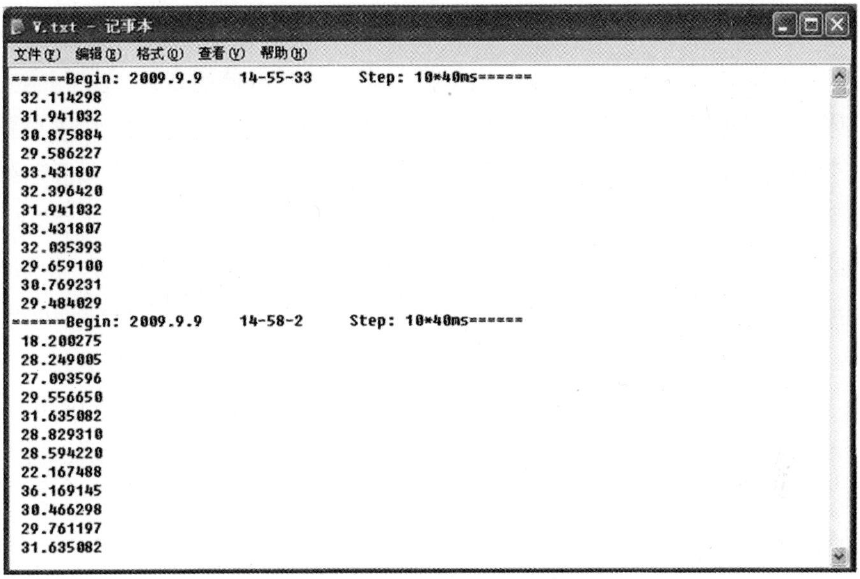


```
======Begin: 2009.9.9    14-55-33    Step: 10*40ms======
 32.114298
 31.941032
 30.875884
 29.586227
 33.431807
 32.396420
 31.941032
 33.431807
 32.035393
 29.659100
 30.769231
 29.484029
======Begin: 2009.9.9    14-58-2    Step: 10*40ms======
 18.200275
 28.249005
 27.093596
 29.556650
 31.635082
 28.829310
 28.594220
 22.167488
 36.169145
 30.466298
 29.761197
 31.635082
```

图 6.8　速度保存文件格式图

6.3　优化算法

6.3.1　引言

优化理论和应用的研究一直是一个非常活跃的研究领域，许多问题最终都归结为优化问题。随着计算机技术的发展与广泛应用，优化算法不仅有了迫切需求，而且成为了强有力的工具，优化技术也被应用于很多领域，例如，系统控制、人工智能、生产调度、投资组合、风险分析等。随着科学和工程研究范围的拓展，系统问题的规模和复杂程度也越来越大，传统的优化方法，如牛顿法、共轭梯度法、模式搜索法、单纯形法等优化方法已经无法处理人们所面临的复杂问题。人们受到自然界许多自适应现象的启发，通过模拟或揭示某些自然界的现象或过程，演化为智能优化算法。比如，模拟了人脑的组织结构的人工神经网络（ANN），借鉴了自然界优胜劣汰的进化思想的遗传算法（GA），源于物理学中固体物质的退火过程的模拟退火方法（SA）等。这些智能优化算法的出现，为人们解决优化问题提供了新的思路，迅速在各个领域得到了广泛的应用。

20 世纪 90 年代以来，一些学者受到自然界生物群体所表现出来的自组织行为和群体智能现象的启发，逐步诞生了以蚁群算法、微粒群算法和鱼群算法为代表的群智能算法。其基本思想是模拟自然界生物的群体行为来构造随机优化算法。蚁群算法（Ant Colony Algorithm，ACA）是在 20 世纪 90 年代初由意大利学者 M. Dorigo 提出的，模拟“蚂蚁觅食”行为。微粒群算法（Particle Swarm Optimization，PSO）是在 1995 年由美国社会心理学家 James Kennedy 和电气工程师 Russell Eberhart 共同提出的，模拟鸟类的聚集飞行行为。此外，还有模拟人类社会文化演化的文化算法，模拟鱼群行为的人工鱼群算法（Artificial Fish Swarm Algorithm，AFSA）等。这些算法的发明与应用，极大地丰富了智能优化技术，并被公认为继人工智能之后，21 世纪计算机中最有影响力的关键技术。群体智能的主要特点之一就是，群体由众多简单个体组成，群体能够通过单体相互之间的简单合作来实现某一较复杂的功能，或者完成某一较复杂的任务。其中，“简单个体”是指只具有简单能力或智能的单个个体；而“简单合作”是指个体与其邻近个体进行某种简单的直接通信或通过改变环境因素间接与其他个体通信，从而实现相互影响和协同合作。与遗传算法类似，微粒群算法是一种基于迭代的优化技术，系统初始化为一组初始解，通过迭代搜寻最优值。同其他的进化算法相比，微粒群算法的优势在于算法简单、容易实现和较强的全局优化能力，而且没有许多的参数需要调节。因此，微粒群优化算法一提出，立刻引起了进化计算等领域学者们的广泛关注，在短短几年时间里出现了大量的研究成果，成为进化计算领域内的一个研究热点。随着对粒子群优化研究的不断深入，学者们提出了多种改进的 PSO 算法，目前这些改进的 PSO 算法已广泛用于函数优化、神经网络训练、数据挖掘、系统设计、多目标优化、模式识别、决策调度、机器人应用等多个领域。在机器人优化方面，微粒群算法也被广泛用于四足机器人、双足机器人及模块化机器人等步态优化中，用于获得更好的运动性能，取得了较好的效果。

6.3.2 PSO 算法简介

1. PSO 算法基本原理

微粒群算法（Particle Swarm Optimization，PSO）是基于群体的演化算法，其思想来源于人工生命和演化计算理论。PSO 算法是在 1995 年由美国社会心理学家 James Kennedy 和电气工程师 Russell Eberhart 共同提出的，其基本思想受到 Reynolds 等对鸟群飞行研究的启发，并应用了生物学家 Frank Heppner 的生物群体模型——鸟仅仅是追踪它有限数量的邻居，但最终的整体结果是整个鸟群好像在一个中心的控制之下，即复杂的全局行为是由简单个体间的有规则的相互作用引起的。PSO 源于对鸟群捕食行为的研究，一群鸟在随机搜寻食物，如果这个区域里只有一块食物，那么找到食物的最简单有效的策略就是搜寻目前离食物最近的鸟的周围区域。

PSO 算法就是从这种模型中得到启示而产生的，并用于解决优化问题。PSO 算法中，问题的解对应于搜索空间中一只鸟的位置，我们称之为“微粒”或“粒子”（Particle）。每个粒子都有一个位置和该位置由被优化问题决定的适应值（Fitness Value）。同时，每个粒子还有一个速度，该速度为矢量，有大小和方向，决定该粒子飞行的方向和距离。各个粒子记忆、追随当前的最优粒子，在解空间中搜索。

PSO 初始化为一群随机粒子（随机解），然后通过迭代找到最优解，在每一次迭代中，粒子通过跟踪两个“极值”来更新自己。第一个极值是粒子本身所找到的最优解，称为个体极值点（用 *pbest* 表示其位置）；另一个极值因方法而异，全局 PSO 算法用整个种群目前找到的最优解（用 *gbest* 表示其位置），局部 PSO 算法不用整个种群而是用其中一部分作为粒子的邻居，所有邻居中的最优解就是局部极值点（用 *lbest* 表示其位置）。

对于第 i 个粒子，在找到这两个最优值 $pbest_i$ 和 $gbest$ 后，通过下面的公式来更新自己的速度和位置：

$$V_i^{k+1} = V_i^k + c_1 r_{1,i}^k (pbest_i^k - X_i^k) + c_2 r_{2,i}^k (gbest^k - X_i^k) \tag{6.1}$$

$$X_i^{k+1} = X_i^k + V_i^k \tag{6.2}$$

式中，V_i^k 是第 i 个粒子第 k 次迭代的速度，V_i^{k+1} 是微粒下一次迭代的速度，X_i^k 是第 i 个粒子第 k 次迭代的位置，$pbest_i^k$ 是前 k 次迭代第 i 个粒子自身所经历的最优位置，$gbest^k$ 是前 k 次迭代所有粒子所经历的最优位置，$r_{1,i}^k$ 和 $r_{2,i}^k$ 是介于

（0，1）之间的随机数，X_i^{k+1} 是粒子下一次迭代（第 $k+1$ 次）的位置，c_1 和 c_2 是学习因子，一般介于 0 ~ 4 之间。

为了防止粒子飞离搜索空间，粒子速度有一个最大速度限制 V_{max}，这样粒子的速度 V 就被限制在 $[-V_{max}, V_{max}]$。V_{max} 太大，粒子将容易飞离最优解，增加迭代次数；V_{max} 太小，粒子将容易陷入局部最优。

以式（6.1）和式（6.2）两个公式为基础，形成了 PSO 的标准形式。

2. PSO 算法原理解释

在式（6.1）所描述的速度进化方程中：其第一部分为微粒先前的速度；其第二部分为“认知”部分，因为这部分考虑的是微粒对自身经验的总结，利用自身经验的最优值加权后对微粒之前的速度进行修改，表示微粒本身的思考；其第三部分表示的是微粒的“社会”部分，利用微粒群体历史最优位置对先前速度进行修改，表示微粒间的社会信息共享。这三个部分的矢量关系如图 6.9 所示。

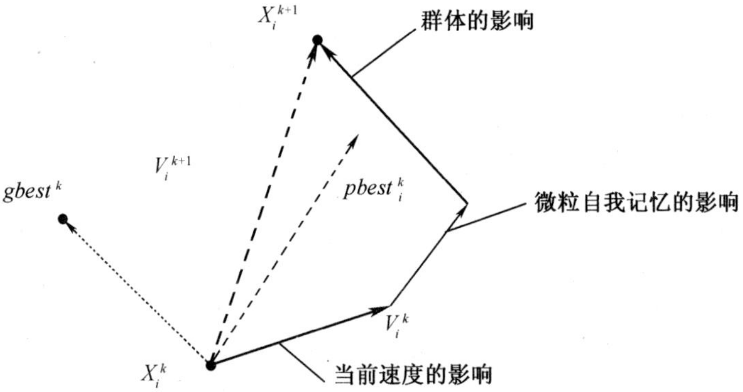

图 6.9　速度更新示意图

从图 6.9 中不难看出，微粒下一次迭代的速度 V_i^{k+1} 实质上是当前速度 V_i^k、“微粒自我记忆影响”和“群体的影响”三个部分的矢量和。在图 6.9 中，“当前速度的影响”就是第 k 次迭代时微粒速度 V_i^k；“自身认知”部分 $c_1 r_{1,i}^k k \cdot (pbest_i^k - X_i^k)$ 是由微粒最优位置和当前位置的差值加权后得到的，即图中“微粒自我记忆的影响”部分；“社会认知”部分 $c_2 r_{2,i}^k (gbest^k - X_i^k)$ 是由全局最优位置和当前位置的差值经加权后得到的，即图中“群体的影响”部分。下一次迭代微粒

位置 X_i^{k+1} 就是当前位置 X_i^k 和下次微粒速度 V_i^{k+1} 的矢量和。

显然，作为一种进化算法，微粒群算法和其他进化算法有着许多共同之处。

首先，微粒群算法和其他进化算法相同，均使用“群体”的概念，用于表示一组解空间中的个体集合，将微粒所经历的最好位置看作群体的组成部分，当微粒的当前位置与所经历的最优位置相比具有更好的适应值时，则微粒所经历的最优位置（父代）才会唯一地被当前位置（子代）所替代，因此微粒群的每一步进化呈现出弱化的“选择”机制。

其次，微粒群算法的速度进化方程式（6.1）与实数编码遗传算法的算术交叉算子相类似。通常，算术交叉算子由两个父代个体的线性组合产生两个子代个体，而在 PSO 算法的速度进化方程中，假如先不考虑 V_i^k 项，就可以将方程理解为由两个父代个体产生一个子代个体的算术交叉运算。从另一个角度，在不考虑 V_i^k 项的情况下，速度进化方程也可以看作是一个变异算子，其变异的强度（大小）取决于两个父代之间微粒的距离，即代表个体最优位置和全局最优位置的距离。至于 V_i^k 项，也可以理解为一种变异的形式，其变异的大小与微粒在前代进化中的位置相关。

再次，如果将式（6.2）也看作是一个变异算子的话，则 PSO 算法与进化规划很相似。

但是，PSO 算法也呈现出其他进化算法所不具有的特性，最显著之处就是：首先，PSO 算法同时将微粒的位置与速度模型化，给出一组显式的进化方程；其次，PSO 算法在进化过程中同时保留和利用位置与速度信息，而其他进化算法仅保留和利用位置信息；最后，PSO 算法执行的是一种有“意识”的变异，它利用了群体的经验信息，有更多的机会飞到更优解区域。

3. PSO 算法的改进

PSO 算法被提出以后，因其优越的性能，受到众多研究者的探讨和改进，并得到了广泛的应用。研究表明，传统 PSO 算法具有：①局部搜索能力较差，搜索精度不高；②容易落入局部最优；③搜索性能对参数具有较大依赖性；④算法后期易震荡等缺点。近年来，许多研究者从参数设置、收敛性、拓扑结构、与其他算法融合等角度对传统 PSO 进行研究，并针对其不足提出了各种改进，以提高算法性能。本书中采用的就是引入自适应惯性权重的改进微粒群算法（APSO），下面将主要介绍引入惯性权重的 PSO 改进算法和整数空间的

PSO 算法。

（1）引入惯性权重的 PSO 改进算法

为了改进基本的 PSO 算法的收敛性能，Y. Shi 与 R. C. Eberhart 在 1998 年提出引入惯性权重的微粒群算法，在速度进化方程式（6.1）中 V_i^k 项引入惯性因子 ω，即将速度进化方程变化为

$$V_i^{k+1} = \omega V_i^k + c_1 r_{1,i}^k (pbest_i^k - X_i^k) + c_2 r_{2,i}^k (gbest^k - X_i^k) \tag{6.3}$$

式中，ω 称为惯性权重。因此，基本的 PSO 算法是惯性权重 $\omega = 1$ 的特殊情况。惯性权重 ω 使微粒保持运动惯性，使其有扩展搜索空间的趋势，有能力探索新的区域。

引入惯性权重 ω 以后，可基本清除基本 PSO 算法对 v_{max} 的需求，因为 ω 本身具有维护全局和局部搜索能力的平衡作用。这样，当 v_{max} 增加时，可以通过减小 ω 来达到平衡搜索。较大的 ω 有利于群体在更大的范围内进行搜索，而 ω 减小能够保证群体最终收敛到最优位置，可使所需的迭代次数变小。因此 Y. Shi 等提出了一个惯性因子 ω 随着迭代次数线性递减的模型，即

$$\omega(i) = \omega_{max} - (\omega_{max} - \omega_{min}) \times \frac{i}{Iter_{max}} \tag{6.4}$$

式中，ω（i）为第 i 次迭代时 ω 的取值，ω_{max} 和 ω_{min} 分别是 ω 的最大值和最小值，$Iter_{max}$ 是最大迭代次数，i 是当前迭代次数。依式（6.4）所取得的 ω 的值在 ω_{max} 和 ω_{min} 之间线性减小，一般情况下，取 $\omega_{max} = 0.9$，$\omega_{min} = 0.4$。

在 Y. Shi 等人研究的基础上，Chatterjee 等则提出了用非线性变化惯性权重的 PSO 算法；Shi 和 Eberhart 提出用一个模糊系统来调节 ω，随机惯性因子 ω 也被使用；此外，Zhan 等通过对 PSO 的进化状态进行判定和划分，提出了一种基于进化因子的自适应控制的惯量权重（APSO）；Clerc 等在标准 PSO 算法中引入了收缩因子的概念，提供了一种通过收缩因子 λ（系数）来选择 ω，c_1 和 c_2 的方法。

惯性权重 ω 的引入使 PSO 算法性能有了很大提高，针对不同的搜索问题，可以调整全局和局部搜索能力，也使得 PSO 算法能成功地应用于很多实际问题。目前，有关 PSO 算法的研究和改进也大多以带有惯性权重的 PSO 算法为基础进行扩展和修正。

（2）整数空间的 PSO 算法

底层单片机控制程序所发送的命令均为整数，因此 PSO 优化程序需要输

出整数结果。由于 ω，c_1，c_2，r_1，r_2 的存在，即使微粒当前的速度和位置均为整数，下一代的位置也可能为非整数。为了保证算法在整数空间内进行搜索，对 PSO 算法作如下修改，即

$$V_i^{k+1} = \text{int}(\omega V_i^k) + \phi_1 + \phi_2 \tag{6.5}$$

$$X_i^{k+1} = X_i^k + V_i^k \tag{6.6}$$

式中，$\phi_1 \in [a_1, b_1]$ 为等概率分布的整数，$\phi_2 \in [a_2, b_2]$ 为等概率分布的整数。区间范围确定如下：

$$a_1 = \begin{cases} 0, & pbest_i^k > X_i^k \\ c_1(pbest_i^k - X_i^k), & pbest_i^k < X_i^k \end{cases} \tag{6.7}$$

$$b_1 = \begin{cases} c_1(pbest_i^k - X_i^k), & pbest_i^k > X_i^k \\ 0, & pbest_i^k < X_i^k \end{cases} \tag{6.8}$$

$$a_2 = \begin{cases} 0, & pbest_i^k > X_i^k \\ c_2(gbest_i^k - X_i^k), & pbest_i^k < X_i^k \end{cases} \tag{6.9}$$

$$b_2 = \begin{cases} c_2(gbest_i^k - X_i^k), & pbest_i^k > X_i^k \\ 0, & pbest_i^k < X_i^k \end{cases} \tag{6.10}$$

由式（6.5）至式（6.10）确定的 PSO 算法，只要将 X_i 初始化为整数空间，即可保证算法在整数空间搜索。上述改进既反映了标准 PSO 算法的基本思想，又将进化计算有效地控制在整数空间。与应用实数域再取整相比，各方面性能明显提高，主要体现在：

①将进化限制在整数空间，减小了许多不必要的非可行解域的搜索，提高了计算效率。

②充分利用了整数规划问题的特点，使得进化向着目标函数改进的方向进行，避免了实数域方法再取整的许多“伪”可行方向。

③计算量基本保持不变，改进并没有增加算法的复杂性。

④群体多样性基本保证与基本 PSO 算法一致，收敛性不变。

此外，PSO 算法还有很多的改进算法，主要包括基于遗传思想改进的微粒群算法、利用小生境思想所做的改进算法、利用收敛性分析所做的改进算法等。这些新的改进算法的出现，加上合适的参数选择，能够加快 PSO 算法的收敛速度，防止陷入局部最优，从而使得 PSO 算法更加完善，性能更好，扩

大了 PSO 算法的适用范围。

6.3.3 PSO 前游速度优化及实验结果

本书第 2 章介绍了鱼类游动的生物学原理，主要是鱼类通过身体（或者身体的一部分）摆动，产生向前传递的行波，推动鱼类的前进。对于机器鱼而言，为了使 CPG 模型能产生向前的行波，决定机器鱼主要参数有六个，即 $\{v, R_1, R_2, R_3, \phi_{1,2}, \phi_{1,3}\}$，考虑到单片机底层控制程序的方便，一般发送整数作为单片机的控制输入，因此，将频率参数作如下变换：

$$\nu = 1\,000/T \tag{6.11}$$

$$T\_speed = T/10 \tag{6.12}$$

式中未直接用周期 T 作为频率控制参数，而是选用了 T_speed（即周期的十分之一），主要是考虑到单片机控制范围、电动机精度等相关因素。由式（6.11）和式（6.12）即可得到控制参数 T_speed 和电动机频率 v 的关系，即

$$T\_speed = 100/\nu \tag{6.13}$$

经过上述变换，机器鱼速度优化的控制参数转化为 $\{T\_speed, R_1, R_2, R_3, \phi_{1,2}, \phi_{1,3}\}$。其中，$T\_speed$ 为电动机周期数的十分之一，单位为 10 ms；R_1，R_2，R_3 分别表示三个关节的期望振幅，单位为度，程序计算时均转换为相应弧度；$\phi_{1,2}$ 和 $\phi_{1,3}$ 分别表示第二、第三关节相对于第一关节的期望偏移，单位为度，程序计算时均转换为相应弧度。六个参数均为整数。

1. 基于整型 APSO 算法的机器鱼速度优化流程

根据微粒群算法的原理，机器鱼速度优化采用了整型自适应惯性权重 PSO 算法（DAPSO），选用式（6.4）来改变惯性权重 ω 的取值，其基本流程如下。

步骤 1 设置粒子维数（6 维）、微粒个数 N、最大迭代次数 $Iter_{max}$，ω 的最大值 ω_{max} 和最小值 ω_{min}，各维边界限制 X_{max} 和 X_{min}，最大速度限制 V_{max} 以及退出控制条件 E。

步骤 2 在整数可行空间随机初始化 N 个微粒及其初始速度，作为初始状态。

步骤 3 测量微粒对应的机器鱼游动速度，作为每个微粒的适应值。

步骤 4 判断各微粒经历的最大值 *pbest* 及全局最大值 *gbest*。

步骤 5 更新 ω，并由公式（6.5）和式（6.6）分别计算下一次迭代微粒的更新速度和微粒的位置。

步骤 6 判断是否达到最大迭代次数或者速度矩阵范数小于设定的 E，如果是，则退出；如果否，则转步骤 3。

考虑到期望振幅（即 R_1，R_2，R_3）会受到电动机频率（即 T_speed）的限制，以及边界限制等制约条件，其具体流程图如图 6.10 所示。

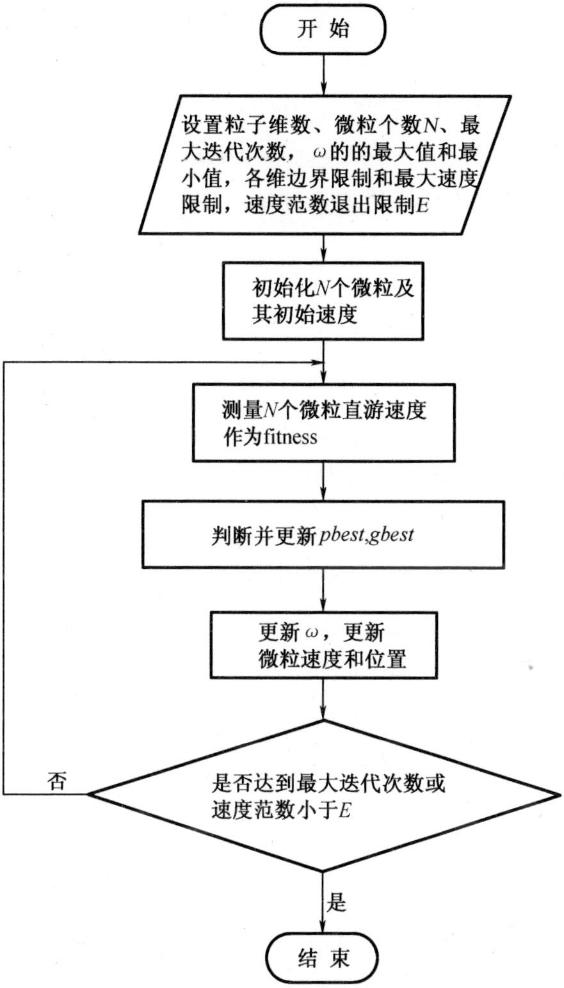

图 6.10　DAPSO 算法流程图

2. 参数设置

PSO 算法中，不同的参数设置不仅影响其收敛速度，还能影响其收敛性能。机器鱼直游速度优化由于其直游测速相对复杂且耗时很长，较好的参数选取，能更快得到最优的结果，延长机器鱼的使用寿命。实验中，经过反复分析和大量实验，选取参数如下：

①考虑机器鱼测速时间及复杂性，微粒数一般选择 10 ~ 15 个，迭代次数不超过 20 次；

②各维边界，考虑舵机性能，T_speed 限制为 8 ~ 255，三关节期望振幅 R_1，R_2，R_3 最小值限制为零，最大值受 T_speed 制约；考虑到机器鱼产生行波的方向，把期望偏移 $\phi_{1,2}$，$\phi_{1,3}$限制在［0，180］之间。

③各维最大速度 V_{max}设置为$\frac{1}{2}(X_{max}-X_{min})$，($X_{max}$，$X_{min}$分别为各维的最大、最小限制)。

④程序中采用自适应惯性权重 ω。即前 4 代一般取［0.8，1.0］，使微粒最初具有较大的飞行速度，便于取到较优的“种子”，使得算法有较强的全局收敛能力，从第 5 次迭代起，ω 值由 0.9 线性减小至 0.2，使得算法有较强的局部收敛能力。

⑤退出条件参数 E 的设置。程序中判断速度矩阵 2 - 范数是否小于 E，即当$\|V^k\|_2<E$（k 表示第 k 次）时，认为所有微粒飞行速度已经足够小，程序基本收敛到最优位置。因而 E 的设置既要考虑微粒数目，又要考虑到当前代 ω 的取值，程序中，取 $E=\omega N$，实际实验中取得良好的效果。

3. 实验结果及分析

根据上节算法流程图（图 6.10），设计基于 DAPSO 算法的速度机器鱼优化程序，其界面如图 6.11 和图 6.12 所示。

程序运行后即出现图 6.11 参数设置界面。需要设置的参数包括：初始微粒个数，最大迭代次数，权重 ω 的最大值和最小值。点击开始后程序自动运行，运行结果如图 6.13 所示。

图 6.12 中，显示了第 10 次迭代第 7 个微粒的运行情况，主要输出其当前位置和飞行速度、当前 ω 的值、第 7 个微粒历史最优适应值，以及群体当前最优值等微粒当前信息。点击“获取 fitness”测量机器鱼的直游速度，作为该微粒的适应值。

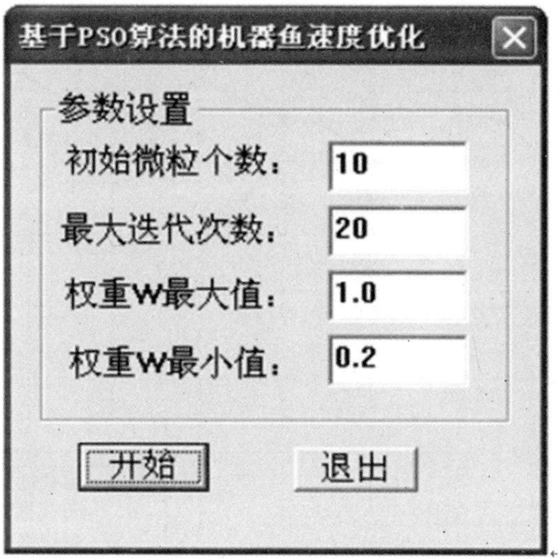

图 6.11　DAPSO 参数设置界面

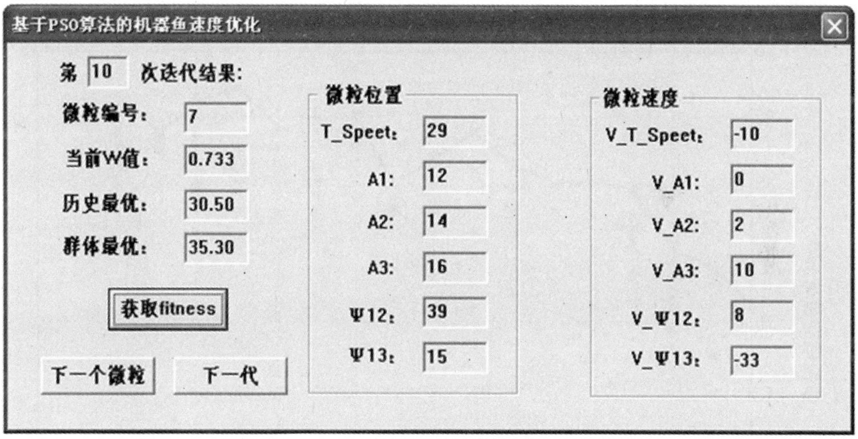

图 6.12　DAPSO 输出界面

图 6.13 和图 6.14 中分别给出了初始化 5 个微粒和 10 个微粒的迭代结果。

从图 6.13、图 6.14 中不难看出，最大适应值曲线和平均适应值曲线整体呈现折线上升的趋势，并于第 13 次迭代得到最大适应值 37.4 cm/s（0.955 body lengths/s），对应控制参数为 {40，24，16，25，－38，－42}，表明了

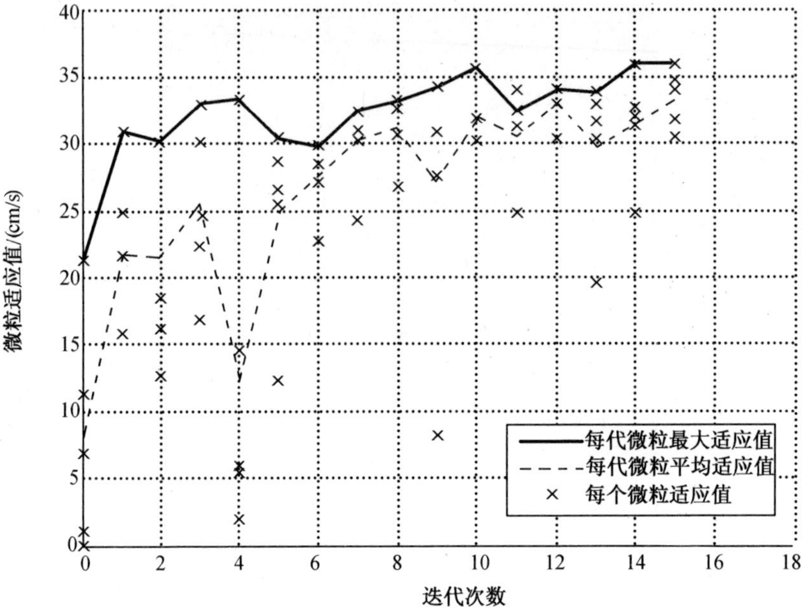

图 6.13　5 个微粒迭代结果图

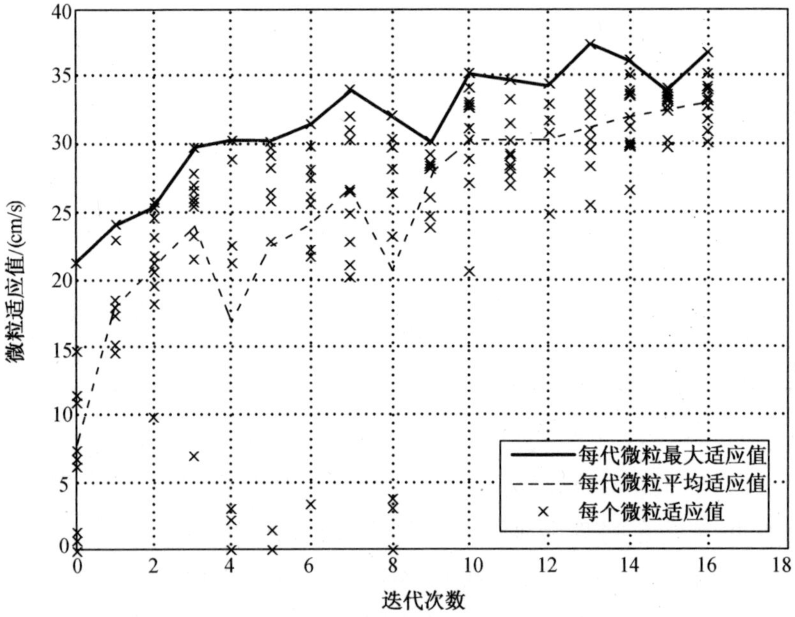

图 6.14　10 微粒迭代结果图

DAPSO 算法在机器鱼直游速度优化中的有效性。

（1）第一代到第五代，其微粒适应值分布相对分散。这是由于 ω 的取值较大，微粒飞行速度较大，微粒位置可能取值范围更宽。微粒之间通过信息共享，能取到位置更合适的新“种子”。

（2）第六代之后，随着 ω 线性减小，微粒收敛速度明显加快。第十代之后，微粒群适应值的均值已经达到 30 cm/s（0.75 BL/s）以上，且微粒群适应值分布相对集中。这表明 ω 减小以后，每个微粒受自身速度影响较小，其飞行方向主要受到自身历史最优和种群群体最优两个方向的影响。

（3）从种群最大适应值变化曲线来看，第一代至第七代种群最大适应值一直呈现出增大的趋势，之后呈现折线形式变化，达到最大值以后，种群最大适应值每代变化已经很小。

图 6.15 中给出了几个典型微粒的适应值随迭代次数变化的曲线，从图中可以看出，微粒的适应值在整个迭代过程中，呈折线增大的趋势。

选取群体空间大小为 5 个和 10 个时，程序收敛结果并不完全相同，这说明机器鱼速度存在局部最优值，程序不能保证每次都得到全局最优结果。这也符合现实情况，在机器鱼运动控制参数中，除频率外，其他参数对机器鱼直游速度的影响均比较复杂，尤其是两个期望偏移角对速度影响有很大的非线性。甚至出现某个参数在小范围内变化，机器鱼直游速度不变的情况。再加上电池电量等其他因素对其直游速度的影响，造成其局部最优值较多，在优化过程中，认为控制参数收敛到一个范围内时，即得到机器鱼最优控制参数。

6.4 总　　结

本节基于 CPG 模型，考查了影响机器鱼直游速度的主要参数；并基于离散自适应 PSO 算法，以机器鱼直游速度为优化目标，对该参数进行了优化。实验结果表明，DAPSO 算法在机器鱼速度优化中能取得较好的收敛结果，得到了机器鱼最大直游速度及其对应的控制参数。但在实验中，也存在一些需要改进的问题。比如，机器鱼电池电量对其速度有较大的影响，且具有一定的不确定性；有些参数下机器鱼鱼体摆动幅度较大，造成图像识别困难，速度测量不够精确；机器鱼测速较为复杂，不便于取大规模微粒群体进行实体实验等。

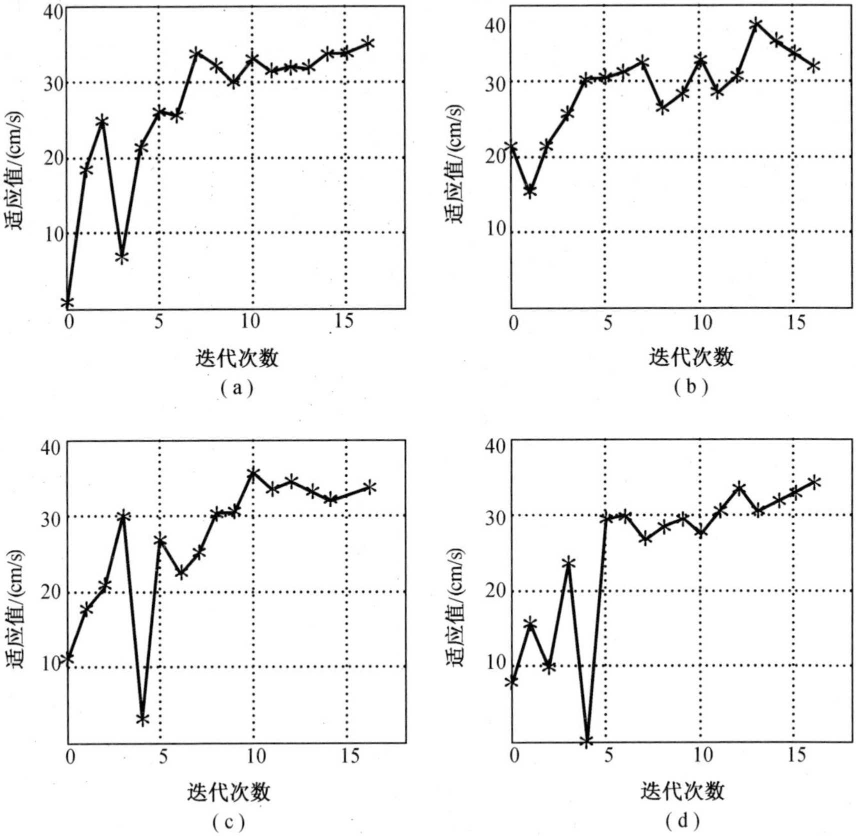

图 6.15　典型微粒适应值随迭代次数变化的曲线图

（a）微粒 1 适应值变化曲线；（b）微粒 4 适应值变化曲线；

（c）微粒 7 适应值变化曲线；（d）微粒 9 适应值变化曲线

思考与习题

6－1　安装速度优化实验平台并设置相关参数，进行游速优化。

6－2　什么是转换层控制器?

6－3　简述 PSO 算法，并谈谈你对游速优化的理解。

附录　名词解释

裁判员　运动竞赛过程中，依据竞赛规程和竞赛规则评定运动员（队）成绩、胜负和名次的人员。裁判员既是竞赛中的“执法人员”，又是竞赛进行的组织者和领导者。

职责及要求：裁判员水平的高低直接影响运动员技术、战术的发挥，也直接影响比赛的效果。裁判员应该具备以下条件：

一、有高尚的道德品质，作风正派，坚持原则，公正无私，严肃认真，对所有运动员一视同仁。

二、精通本项比赛的规程和规则，善于把规则精神运用到比赛中去。了解本专项当今世界的技术、战术发展趋势，不断进行观念和知识的更新，以提高裁判水平。

三、谦虚谨慎，虚心听取不同意见，善于向别人学习，尊重他人，团结协作。

四、有严格的组织纪律观念。

五、有健康的身体，临场裁判时能够精神饱满地完成裁判工作任务。

教练员　教练员是运动训练的直接组织者和指导者，承担着培养、训练运动员的主要任务，对促进运动员的全面发展，实现运动训练的目标起着主导作用。

职责及要求：

一、教练员必须具备与其所承担的训练任务相适应的思想素质和业务素质。其基本条件为具有牢固的政治思想基础，强烈的事业心和高度的责任感，具有合理的知识结构，较高的专项技术水平和良好的心理品质。

二、教练员应自觉地履行其职责，严肃训练纪律，认真制订训练计划，科学选择训练手段和方案，严格管理，努力完成训练计划，实现训练目标。

三、做好平时训练考勤，赛前准备，临场指挥，赛后总结的各项工作。

四、严格管理教育，加强思想政治工作，关心运动员的全面发展。做到发扬民主，爱护运动员，不打骂和污辱运动员，并以身作则，在训练、学习、生活等方面作运动员的表率。

五、教练员应不断地加强学习，提高自身的理论水平、运动技术水平等综合素质。

运动员　专业运动项目中出色异于一般的高水平人员。

职责及要求：

一、参赛运动员必须佩带号码参加比赛，无号码者不得参加比赛。

二、参赛运动员必须按报名顺序参加比赛，不许弄虚作假，冒名顶替，如有发现取消比赛资格。

三、报名者的参赛项目不得更改，如有差错以原始报名表为准。

四、参赛运动员必须身着运动装参加比赛，否则不得参加比赛。

五、参赛运动员要尊重裁判，服从裁判，不得当场顶撞裁判，更不得寻衅滋事，妨碍裁判员工作。

六、遵守比赛规则，确保安全第一。要把安全工作贯穿在整个体育运动的全过程和各个方面。运动员不得违反规则。

后　　记

素质体育机器人运动是一项利国利民的重大工程。为了促进素质体育机器人运动的发展，提高国民综合素质，提升国家科学技术和教育水平，全国素质体育机器人运动组委会特委托北京大学专门开发了机器人竞赛系列教材，并展开相应网络课程教学。本教材属于水中专项（机器鱼）系列，该系列共分全局视觉、自主视觉和2D仿真三大类别，详细地介绍了相关机器人竞赛的科学原理、技术方法和竞赛规程等。

仿生机器鱼是中国素质体育机器人运动会水中专项全局视觉组竞赛项目所指定的标准竞赛机器人。本书全面系统地介绍了仿生机器鱼的仿生学原理、机械结构、硬件系统、运动控制与优化等内容。本书适用于参加中国素质体育机器人运动会水中专项运动全局视觉组竞赛项目的所有教练员、裁判员和运动员，也适合机器人爱好者参考学习。

本书的编者感谢北京大学智能控制实验室的已毕业和在读研究生同学们为完成本书所做的重要贡献，感谢国家自然科学基金委员会的基金项目支持。

由于编者水平有限，加之时间仓促书中不足和遗漏之处在所难免，欢迎广大读者批评指正。

谢广明

北大中关园

2013 年 4 月